编委会

主　编： 田　楠　刘国强
副主编： 李　勇　王　瑾　黄浩隽　邹书平　彭宇翔
成　员： 周丽娜　刘　伟　许　弋　曾　勇　黄　钰
　　　　　李　玮　崔　蕾　张小娟　李　皓　刘　涛
　　　　　罗　雄　唐辟如　喻乙耽　李枚曼　田红玲
　　　　　汪　华　郭　茜

人工影响天气业务丛书

基于三维 GIS 的作业参数自动化测算及发布技术研究

贵州省人工影响天气办公室　组编
主编：田　楠　刘国强

内容简介

为全面总结人工影响天气信息化作业模式的工作经验，贵州省人工影响天气办公室组织编写了本书。本书介绍了基于三维GIS的人工影响天气作业参数自动化测算及发布系统的关键技术及其应用，对人工影响天气定量化作业方案的制订具有指导价值。第1章介绍系统概况，第2章介绍雷达三维显示分析技术，第3章介绍作业参数自动测算技术，第4章介绍作业信息实时发布技术，第5章介绍炮站作业通信终端，第6章进行技术小结。书中穿插多个应用场景和测算实例，并配有大量图片，通俗易懂，图文并茂，可供全国人工影响天气业务系统管理人员和技术人员阅读参考。

图书在版编目（CIP）数据

基于三维GIS的作业参数自动化测算及发布技术研究 / 田楠，刘国强主编. -- 北京：气象出版社，2022.6
（人工影响天气业务丛书）
ISBN 978-7-5029-7715-3

Ⅰ. ①基… Ⅱ. ①田… ②刘… Ⅲ. ①地理信息系统—应用—人工影响天气—管理信息系统—研究—贵州 Ⅳ. ①P48

中国版本图书馆CIP数据核字(2022)第084391号

基于三维GIS的作业参数自动化测算及发布技术研究
Jiyu Sanwei GIS de Zuoye Canshu Zidonghua Cesuan ji Fabu Jishu Yanjiu

出版发行：气象出版社
地　　址：北京市海淀区中关村南大街46号　　　邮政编码：100081
电　　话：010-68407112（总编室）　010-68408042（发行部）
网　　址：http://www.qxcbs.com　　　E-mail：qxcbs@cma.gov.cn
责任编辑：彭淑凡　郭健华　　　　　　　　　　终　　审：吴晓鹏
责任校对：张硕杰　　　　　　　　　　　　　　责任技编：赵相宁
封面设计：地大彩印设计中心
印　　刷：北京建宏印刷有限公司
开　　本：710 mm×1000 mm　1/16　　　　　　印　　张：4.5
字　　数：93千字
版　　次：2022年6月第1版　　　　　　　　　　印　　次：2022年6月第1次印刷
定　　价：50.00元

本书如存在文字不清、漏印以及缺页、倒页、脱页等，请与本社发行部联系调换。

前 言

近年来,在中国气象局的关心和支持下,贵州省人工影响天气部门立足本地扶贫攻坚和生态文明建设需求,将基层人工影响天气的重点聚焦在临近预警、跟踪监测及作业指挥,通过强化作业能力建设和新技术推广应用,提高对天气系统的分析研判,不断完善本地作业指标,并加强上下级间的沟通和互动,创新性地构建起防雹预警及时、指令传输通畅、作业指挥准确的基层人工影响天气科学作业和管理模式。2018年,中国气象局应急减灾与公共服务司下文,在全国推广贵州基层人工影响天气"威宁模式",贵州省气象局申报的"以'一科二联三化四保障'为着力点 全面提升基层人工影响天气现代化水平"被中国气象局评选为2018年度全国气象部门创新工作。

为全面总结基层人工影响天气科学作业模式的工作经验,贵州省人工影响天气办公室组织编写了业务丛书之《基于三维GIS的作业参数自动化测算及发布技术研究》。本书汇集贵州省人工影响天气办公室多年来的技术研究成果,第1章介绍系统概况,由田楠、刘国强编写;第2章介绍雷达三维显示分析技术,由王瑾、周丽娜、许弋、张小娟、李皓编写;第3章介绍作业参数自动测算技术,由邹书平、刘国强、李玮、刘伟、崔蕾、黄钰编写;第4章介绍作业信息实时发布技术,由刘国强、黄浩隽、唐辟如、罗雄、李枚曼编写;第5章介绍炮站作业通信终端,由刘国强、彭宇翔、刘涛、喻乙耽、李枚曼、田红玲编写;第6章进行技术小结,由刘国强、李勇、彭宇翔、曾勇编写。

本书在编写过程中,得到了中国气象局应急减灾与公共服务司、中国气象局人工影响天气中心和各省(区、市)人工影响天气部门的指导和帮助,在出版过程中,得到了气象出版社的大力支持,在此一并表示感谢。

下一阶段,贵州省人工影响天气办公室还将继续加大投入力度,加强系统管理维护,完善业务运行机制,切实发挥系统效益,不断丰富炮站信息化的科技含量和业务内涵,不断挖掘炮站信息化建设技术潜力,不断拓展人工影响天气信息化建设服务领域,在作业预警、灾情收集和应急服务方面发挥更加重要的作用,使之成为全国人工影响天气业务现代化建设的典范。

因编者时间和水平有限,加之气象信息化技术和人工影响天气业务的不断发展,书中难免存在疏漏,敬请专家、读者批评指正。

贵州省人工影响天气办公室
2020 年 10 月

目 录

前言
第1章　概述 ·· 01
  1.1　建设背景 ·· 01
  1.2　建设进展 ·· 02
    1.2.1　建设内容 ·· 02
    1.2.2　建设过程 ·· 03
  1.3　建设实效 ·· 03
    1.3.1　技术成果 ·· 03
    1.3.2　技术创新点 ·· 04
    1.3.3　应用实效 ·· 05

第2章　雷达三维显示分析 ·· 06
  2.1　雷达三维拼图 ·· 06
    2.1.1　三维格点插值 ·· 06
    2.1.2　插值方案 ·· 07
    2.1.3　多雷达拼图 ·· 09
  2.2　作业云系识别 ·· 11
    2.2.1　防雹作业云系 ·· 11
    2.2.2　增雨作业云系 ·· 13
  2.3　三维 GIS 效果 ··· 16
    2.3.1　GIS 平台 ··· 16
    2.3.2　雷达展示 ·· 17

第3章　作业参数自动测算 ·· 20
  3.1　雷达跟踪 ·· 20
    3.1.1　大雷达预警 ·· 20

I

  3.1.2 小雷达指挥 ·· 23
 3.2 计算参数 ··· 25
  3.2.1 射击方式 ·· 25
  3.2.2 作业参数 ·· 26

第 4 章 作业信息实时发布 ·· 31
 4.1 发布体系 ··· 31
  4.1.1 主要内容 ·· 31
  4.1.2 设计实现 ·· 32
  4.1.3 系统部署 ·· 34
 4.2 通信机制 ··· 35
  4.2.1 主要内容 ·· 35
  4.2.2 设计实现 ·· 38

第 5 章 炮站作业通信终端 ·· 43
 5.1 主要内容 ··· 43
 5.2 作业过程实景监控 ··· 43
 5.3 作业指挥专用通信 ··· 48
 5.4 作业弹药跟踪管理 ··· 53

第 6 章 小结 ·· 61
 6.1 主要成果 ··· 61
 6.2 未来发展 ··· 62

参考文献 ·· 63

第1章 概 述

1.1 建设背景

人工影响天气（简称人影）是建立在云物理学基础上的一门应用气象科学技术，是通过一定的技术手段，改变云的微物理结构，达到增雨、防雹等趋利避害目的的活动，是人类运用现代科学技术主动改造自然的一种有效措施和途径。

长期以来，人工影响天气作业在省、市、县三级已经成为常规气象业务服务于社会。其中，市、县级人工影响天气部门及各个作业炮站，作为人工影响天气地面作业的具体指挥部门和任务实施者，作业任务重，时效要求高，应对各种突发情况多，是确保实际人工影响天气作业科学性和有效性的关键。但目前市、县级人工影响天气业务系统普遍面临两个矛盾。

一是市、县级人工影响天气部门面临不断增长的地面作业需求与指挥能力相对薄弱之间的矛盾。一方面，社会公众对人工影响天气作业频次、效果的期望不断增强，另一方面，随着信息化技术的发展和作业指挥新技术的不断出现，市、县级人工影响天气部门如果仍旧停留在原有的电话式沟通、简单分析、主观操作的方式，势必将严重影响市、县级人影作业指挥能力的提高。

二是市、县级人工影响天气技术发展与现有人工影响天气业务系统之间的矛盾。随着中国气象局《人工影响天气业务现代化建设三年行动计划》在全国的深入推进，人工影响天气业务系统的现代化建设进程正在不断加速，但由于全国市、县级人工影响天气资金来源多样等历史原因，基层人工影响天气业务系统存在规模小、作业数量多、作业地点分散和缺乏标准化的缺点，建设适应基层特点的集约化、智能化、一体化人工影响天气业务系统的需求日渐迫切。

近年来，全国人工影响天气部门在提升作业科技含量方面进行了大量的探索[1-26]，但各地实际情况不同，必须因地制宜。在此背景下，为提升贵州省市、县级人工影响天气的业务能力和技术水平，贵州省人工影响天气办公室构建基于三维GIS（地理信息系统）的人工影响天气作业参数自动化测算及发布系统，通过三维方式实现对贵州多普勒雷达体扫数据和各种地理信息的叠加显示，使省级作业指挥人员可以对雷达回波的发展做出全面立体的了解和判断，并在此基础上确定回波影响区内作业炮站针对雷达回波的最佳作业部位,进而通过系统自动测算出针对相关炮站不同作业工具的作业方位、作业仰角、作业用弹量等关键参数,形成定量化作业指导方案。同时,为炮站作业人员配备可实时接收作业指导方案的通信终端,使其能针对天气变化作出科学、及时的反应,从而全面提升贵州人工影响天气作业决策分析和气象灾害防御信息发布的科学化水平。

1.2 建设进展

1.2.1 建设内容

基于三维 GIS 的人工影响天气作业参数自动化测算及发布系统(以下简称系统)主要由作业指挥 PC 端软件(三维展示子系统、作业参数测算子系统)、中转服务器分发子系统、基于 Android 的人工影响天气手机应用作业通信终端软件三个部分组成。其中,指挥端软件采用插件式框架设计,结合 GDAL 与 3D GIS 分析多普勒雷达监测获得的雷达影像的投影坐标系、三维显示,剖面计算展示,等值面计算三维展示等,提供预警及作业指挥可视化地理信息操作;Android作业通信终端接收作业信息、作业定位、作业信息回馈,在人工影响天气作业流程中实现指挥中心与作业人员的实时文字、语音、作业现场信息交流,保证作业的精准、高效及可靠性。中转服务器分发子系统为指挥端与作业终端搭建通信桥梁,利用挑战包、心跳包、C/S 与点对点结合等通信模式,在保证设备通信畅通、安全、高效的同时,有效提高人工影响天气作业实施效率。系统总体结构如图 1-1 所示。

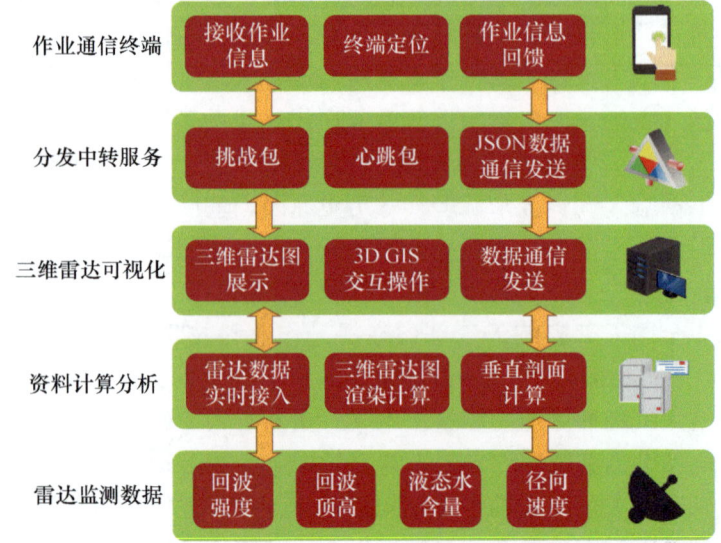

图 1-1 基于三维 GIS 的人工影响天气作业参数自动化测算及发布系统总体结构图

1.2.2　建设过程

系统建设始于 2013 年 7 月，止于 2015 年 12 月。2016 年 1 月开始进入科技成果转化应用阶段。

（1）2013 年度：明确研究思路

贵州省人工影响天气办公室与中国气象局人工影响天气中心进行沟通，了解中国气象局人工影响天气业务发展思路，派送项目负责人到国家人工影响天气中心进行为期半年的访问学习，围绕雷达数据处理、作业参数模型和信息发布系统，有针对性地开展技术研究，并结合贵州省科技厅新立项的"贵州省冰雹防控工程技术研究中心建设"项目需求，与国内具备相关系统开发经验的公司合作，共同进行软件设计。

（2）2014 年度：开展项目建设

贵州省人工影响天气办公室不断加大投入力度，加强系统管理维护，完善业务运行机制，切实发挥系统效益，不断丰富作业装备自动化、作业炮站信息化、作业指挥科学化的技术含量和业务内涵，使之成为全国人工影响天气业务现代化建设的典范，并选择贵阳和威宁作为试点。贵阳实施基于三维雷达显示分析的作业参数自动化测算，威宁实施作业参数信息发布和炮站作业通信终端应用。

（3）2015 年度：总结技术模式

研发具有自主知识产权的"炮箭合一"自动化操作平台，实现一键操作、准确定位、定向播撒的作业模式。将作业指挥和终端发布进行功能集成，实现预警发布和指令下达的一键式操作、作业现场和作业过程的动态化跟踪。构建"8+40"的以多普勒天气雷达为主、县级预警雷达为辅的监测体系，基于雷达回波的动态识别模型，实现时间、方位、仰角、用弹量等作业参数自动化输出，为基层精准作业提供科学依据。

1.3　建设实效

1.3.1　技术成果

（1）雷达三维显示分析

在对雷达资料进行质量控制和业务拼图的基础上，基于 GPU 技术和空间非线性插值技术，对多普勒雷达回波实现三维可视化建模，实现冰雹、雷暴等灾害性天气的三维重建识别和反演，实现多部雷达三维拼图和多层次回波显示，方便指挥人员判断作业云系的发展变化。

(2) 作业参数自动测算

提取雷达回波的各项数据特征，通过防雹和增雨两种不同的指标，判断雷达回波是否达到防雹或者增雨预警条件。对达到预警的雷达回波，根据回波强度、目标云的有效体积、温度层高度、催化区风向风速等因子，通过三维弹道曲线的计算，输出相应作业炮站的方位、仰角和用弹量。

(3) 作业信息实时发布

整合适用于全省炮站的作业过程实景监控系统、作业指挥专用通信系统、作业弹药跟踪管理系统，提升人工影响天气炮站的作业指挥效率和业务管理水平。同时，构建"精确指挥、一键打击、科学作业"的智慧雷达指挥系统，县级部门将实时刷新生成的作业参数通过网络推送到作业炮站的高炮、火箭一体化室内操作控制台。

(4) 炮站作业通信终端

通过采用基于智能化终端的人工影响天气作业指挥 App，实现科学化作业参数的传输、空域申报及作业弹药信息上报功能。在作业实施过程中，县级部门通过实景监控系统和物联网系统持续跟踪监控炮站作业情况，并利用智能信息终端的无线对讲功能与炮站保持通话联系，指导炮站安全、科学开展作业。

1.3.2　技术创新点

(1) 整合资源

系统充分考虑在现有成果基础上，结合实际使用环境，整合通信消息，改进算法和传输格式，保证系统的计算高效准确、传输稳定，保证系统切实可用。

(2) 创新方法

集合应用本地经验和雷达资料，充分考虑贵州地形影响，对三维显示算法进行创新改进，提高显示效率，也满足当地业务需求。根据山区通信不稳定的情况，优化通信数据格式，做到最小字节量传输最大信息量，保证信息传输的可用性。

(3) 智慧发布

通过专用中转服务器分发平台和手机 App 终端等的建设，为作业参数分发过程、分发效率、分发稳定性与实效性提供保障，做到作业参数分发全过程监控，实现智慧分发。

(4) 软硬并重

不但重视系统的硬件建设，更着重加强相关应用软件系统的研发。应用软件系统是整个项目发挥效益的关键所在，必须重视其研发质量，以满足系统的应用要求。

(5) 安全可靠

在信息系统安全等级保护三级的基础上，通过对信息进行加密、数字签名等方式保障信息传输的安全性，同时注重系统运行的可靠性和稳定性，实现系统24小时不间断业务运行。

1.3.3 应用实效

（1）建立科学作业指挥技术体系

充分利用项目关键技术研究及应用的成果，通过上下协同的作业指挥系统改变过去盲目作业的现象，切实提高了作业指挥的科学水平和工作效率。

（2）集成多元作业科学技术手段

构建具有贵州特色的"大雷达预警、小雷达指挥"的基层作业指挥模式，形成统一部署、流程规范、指挥科学、运行高效的业务技术系统。

第 2 章 雷达三维显示分析

2.1 雷达三维拼图

2.1.1 三维格点插值

为了综合应用雷达资料和其他观测资料，或把多个雷达资料进行拼图处理，需要把极坐标系下的空间分辨率不均匀的雷达资料插值到统一的坐标系下，形成水平空间分辨率均匀的网格点资料，并且在插值过程中尽可能保留原始体扫资料中原有的反射率结构特征。笛卡尔坐标系提供了一个统一框架，其他观测资料能够在该框架下相互融合，这有利于各种观测资料的综合应用，以便提供比单个观测系统对气象现象更加真实和科学合理的描述。

笛卡儿坐标网格的分辨率和范围可以根据不同的需求进行不同的选择，或根据极坐标系下的资料分辨率来决定。我们在垂直方向选取的范围为 17 km，共 21 层。5 km 以下的垂直分辨率为 0.5 km，5~17 km 的垂直分辨率为 1 km。这样垂直分层的原因是 VCP21 扫描方式的最低仰角 0.5°在斜距 230 km 处的高度约为 5 km，在斜距 460 km 处的高度约为 17 km。在 5 km 以下高度（离雷达 230 km 以内），雷达资料的空间密度比较大，所以垂直分辨率取值高一些，而在 5~17 km 高度（离雷达 230~460 km），雷达资料的空间密度比较小，所以垂直分辨率取值低一些。网格在水平方向的经纬度分辨率为 0.01°×0.01°（约 1 km×1 km）。

首先确定网格单元相对于雷达点的极坐标位置。设三维网格中任意网格单元 o' 在 $oxyz$ 直角坐标系中的坐标为 (x_g, y_g, z_g)，雷达天线所在点的坐标为 (x_r, y_r, z_r)，z_r 为雷达高度。网格单元相对于雷达点的极坐标位置 (r, a, e)，其中 r 为斜距，a 为方位角，e 为仰角。

方位角 a 的表达式为

第2章 雷达三维显示分析

$$\begin{cases} a = \tan^{-1} \dfrac{|x_g - x_r|}{|y_g - y_r|} & x_g > x_r, \ y_g > y_r \\ a = \pi - \tan^{-1} \dfrac{|x_g - x_r|}{|y_g - y_r|} & x_g < x_r, \ y_g < y_r \\ a = \pi + \tan^{-1} \dfrac{|x_g - x_r|}{|y_g - y_r|} & x_g < x_r, \ y_g > y_r \\ a = 2\pi - \tan^{-1} \dfrac{|x_g - x_r|}{|y_g - y_r|} & x_g > x_r, \ y_g < y_r \\ a = \pi/2 & x_g > x_r, \ y_g = y_r \\ a = 3\pi/2 & x_g < x_r, \ y_g = y_r \end{cases} \quad (2.1)$$

仰角 e 的表达式为

$$e = \tan^{-1} \frac{\cos(s/R_m) - \dfrac{R_m}{R_m + z_g - z_r}}{\sin(s/R_m)} \quad (2.2)$$

其中，R_m 为等效地球半径，$R_m = \dfrac{4}{3} R$，R 为地球半径。

斜距 r 的表达式为

$$r = \sin(s/R_m)(R_m + z_g - z_r)/\cos e \quad (2.3)$$

其中

$$s = \sqrt{(x_g - x_r)^2 + (y_g - y_r)^2} \quad (2.4)$$

2.1.2 插值方案

项目使用了四种方法把球坐标系下的雷达反射率因子值内插到笛卡尔坐标系下的经纬度高度网格点上。

（1）最近邻居法（nearest neighbor，NN）

在 3D 空间中，用最靠近网格单元的雷达距离库的值去填充网格单元的值，该方法基于网格单元的中心与雷达距离库中心之间的距离。

（2）径向和方位上的最近邻居和垂直线性内插法（nearest neighbor on range-azimuth planes combined with a linear interpolation in vertical direction，NVI）

如图 2-1 所示，(r, a, e) 是某一网格点在雷达球坐标系中的位置，r 为斜距，a 为方位角，e 为仰角。e 位于其上下相邻仰角 e_2 和 e_1 之间。(r, a, e_2) 和 (r, a, e_1) 分别是经过该网格点的垂线（仰角低于 20°时，垂直方向可用仰角方向近似）与其上下仰角波束轴线

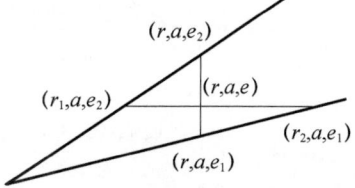

图 2-1 垂直和水平线性内插示意图

的交点，那么该网格点的分析值 $f^a(r,a,e)$ 可以用这两点的分析值 $f^a(r,a,e_2)$ 和 $f^a(r,a,e_1)$ 进行垂直线性内插得到，即：

$$f^a(r,a,e)=[w_{e_1}f^a(r,a,e_1)+w_{e_2}f^a(r,a,e_2)]/(w_{e_1}+w_{e_2}) \quad (2.5)$$

其中，w_{e_1}、w_{e_2} 分别是给予 $f^a(r,a,e_1)$ 和 $f^a(r,a,e_2)$ 内插权重：

$$w_{e_1}=(e_2-e)/(e_2-e_1) \quad (2.6)$$

$$w_{e_2}=(e-e_1)/(e_2-e_1) \quad (2.7)$$

$f^a(r,a,e_2)$ 和 $f^a(r,a,e_1)$ 分别等于最靠近点 (r,a,e_2) 和 (r,a,e_1) 的雷达距离库的观测值，它们的获取采用了径向和方位上的最近邻居法。如图 2-2 所示，r_{i-1}、r_i、r_{i+1} 为相邻径向距离库，a_{j-1}、a_j、a_{j+1} 为相邻方位角，两条虚线是波束的半功率线，由半功率线和半距离库所围成的梯形区是距离库 r_i 的影响区，在径向、方位方向上落在这个梯形区的点 (r,a) 的分析值 $f^a(r,a)$ 都用距离库 r_i 的观测值 $f^o(r_i,a_j)$ 来赋值，即 $f^a(r,a)=f^o(r_i,a_j)$。

(3) 垂直水平线性内插法 (linear interpolation in vertical direction plus a horizontal interpolation，VHI)

如图 2-2 所示，(r,a,e_2) 和 (r,a,e_1) 分别是经过网格点 (r,a,e) 的垂线 (仰角低于 20°时，垂直方向可用仰角方向近似) 与其上下仰角波束轴线的交点，(r_1,a,e_2)、(r_2,a,e_1) 分别是经过该网格点的水平线与其相邻上下仰角波束轴线的交点，那么该网格点的分析值 $f^a(r,a,e)$ 可以用这四个点的分析值 $f^a(r,a,e_2)$、$f^a(r,a,e_1)$、$f^a(r_1,a,e_2)$、$f^a(r_2,a,e_1)$ 通过垂直和水平内插得到，其中这四个点的分析值通过径向和方位的最近邻居法得到，那么有：

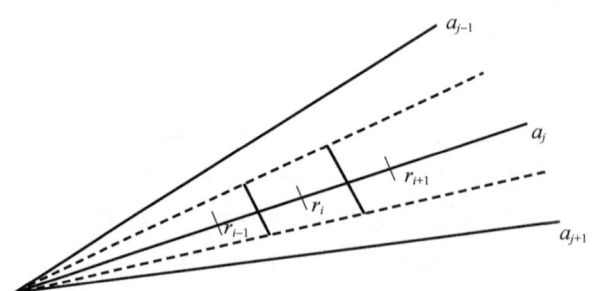

图 2-2　径向、方位上的最近邻居示意图

$$f^a(r,a,e)=\frac{w_{e_1}f^a(r,a,e_1)+w_{e_2}f^a(r,a,e_2)+w_{r_1}f^a(r_1,a,e_2)+w_{r_2}f^a(r_2,a,e_1)}{w_{e_1}+w_{e_2}+w_{r_1}+w_{r_2}}$$

$$(2.8)$$

其中，w_{r_1}、w_{r_2} 分别是给予 $f^a(r_1,a,e_2)$、$f^a(r_2,a,e_1)$ 的内插权重：

$$w_{r_1}=(r_2-r)/(r_2-r_1) \quad (2.9)$$

$$w_{r_2}=(r-r_1)/(r_2-r_1) \tag{2.10}$$

且有 $r_1=r\sin e/\sin e_2$, $r_2=r\sin e/\sin e_1$。w_{e_1}、w_{e_2} 见式（2.6）和式（2.7）。

（4）8 点插值法（dual linear interpolation using data from eight points around grid cell，EPI）

如图 2-3 所示，某一网格点 (r, a, e) 落在由 $f_1^o(r_1, a_1, e_1)$、$f_2^o(r_2, a_1, e_1)$、$f_3^o(r_1, a_2, e_1)$、$f_4^o(r_2, a_2, e_1)$、$f_5^o(r_1, a_1, e_2)$、$f_6^o(r_2, a_1, e_2)$、$f_7^o(r_1, a_2, e_2)$、$f_8^o(r_2, a_2, e_2)$ 围成的锥体内，则该网格点的分析值 $f^a(r, a, e)$ 可由这 8 个点的观测值进行双线性内插获得。

$$f^a(r,a,e)=w_{e_1}[(w_{r_1}f_1^o+w_{r_2}f_2^o)w_{a_1}+(w_{r_1}f_3^o+w_{r_2}f_4^o)w_{a_2}]+ \\ w_{e_2}[(w_{r_1}f_5^o+w_{r_2}f_6^o)w_{a_1}+(w_{r_1}f_7^o+w_{r_2}f_8^o)w_{a_2}] \tag{2.11}$$

其中，w_{a_1}、w_{a_2} 为方位内插权重：

$$w_{a_1}=(a_2-a)/(a_2-a_1) \tag{2.12}$$
$$w_{a_2}=(a-a_1)/(a_2-a_1) \tag{2.13}$$

w_{r_1}、w_{r_2} 见式（2.9）和式（2.10），w_{e_1}、w_{e_2} 见式（2.6）和式（2.7）。

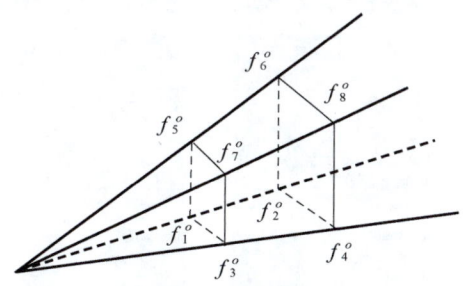

图 2-3　点内插示意图

2.1.3　多雷达拼图

通过一个或多个客观分析方法把来自各个雷达的反射率场插值到统一的网格上之后，需要把来自多个雷达的格点反射率场拼接起来形成 3D 拼图网格。在拼图网格的很多区域，特别是在对流层中高层，有来自多个雷达的资料重叠区，在拼图网格中的每个网格单元 i 的反射率值可以通过下面公式得到：

$$f^m(i) = \sum_{n=1,N_{rad}} w_n f_n^a(i) \bigg/ \sum_{n=1,N_{rad}} w_n \tag{2.14}$$

其中 $f^m(i)$ 是网格单元 i 的合成反射率值，$f_n^a(i)$ 是在网格单元 i 处来自第 n 个雷达的分析值，w_n 是给分析值 $f_n^a(i)$ 的权重，N_{rad} 是在网格单元 i 处有分析值的雷达总个数。

测试把球坐标系下的雷达反射率资料转换成笛卡尔坐标资料的四种插值方

法，它们分别是最近邻居法（NN）、径向和方位上的最近邻居和垂直线性内插法（NVI）、垂直水平线性内插法（VHI）和 8 点插值法（EPI）。对四种插值方法得到的结果（图 2-4）进行分析发现：用 NN 插值方法和 VHI 插值方法得到的反射率场有空间不连续现象；用 NVI 和 EPI 插值方法得到的反射率场在水平方向和垂直方向都比较连续，但是，由于 EPI 方法在径向、方位和仰角方向都采用了线性内插，所以得到的结果比 NVI 方法得到的结果更加平滑，而用 NVI 插值方法得到的反射率场更加保留了体扫资料中的原有反射率结构特征。通过对四种插值方法插值效果及实效性方面的评估，并参考国内相关的研究成果，选择了径向和方位上的最近邻居和垂直线性内插法（NVI）作为贵州区域雷达网各雷达的插值方法。

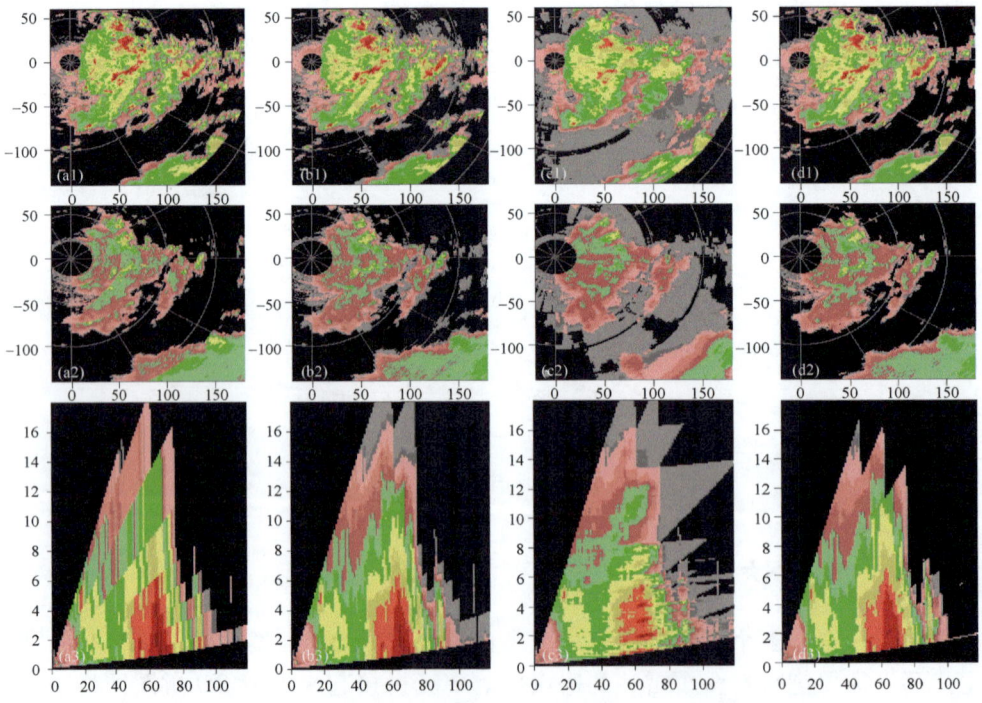

图 2-4　4 km、8 km 高度的反射率水平剖面和 70° 方位的垂直剖面
　　　（a）NN　　（b）NVI　　（c）VHI　　（d）EPI
　　　（1）4 km CAPPI　　（2）8 km CAPPI　　（3）RHI

研究了四种雷达网格点资料合成的拼图方法，通过比较拼图效果，采用距离指数权重法作为贵州区域雷达网的拼图方法。

2.2 作业云系识别

2.2.1 防雹作业云系

天气雷达是监测冰雹云活动的强有力工具,为了准确地识别和预报冰雹云的发生和发展,国内外在不断地开发新的冰雹探测算法。大多数冰雹识别算法都是基于单雷达的风暴探测参量,因此,在雷达的探测范围、雷达的静锥区以及与基于格点的近风暴环境因子的融合上都存在局限性。通过多雷达对风暴的多角度探测,可以获得比单雷达更可靠、更稳定的风暴探测诊断参数,明显改善单雷达的强回波顶高、垂直累积液态水含量(VIL)、强冰雹指数等风暴属性的探测估计,这种优势在单部雷达的静锥区、远离雷达以及遮挡严重的区域显得更为突出。另外,基于三维插值格点的多雷达风暴探测参数,可以更容易与强风暴数值模式的近风暴环境输出场以及地形影响因子等融合,提高对诸如冰雹等强风暴识别的准确率。

(1)冰雹识别参数

强冰雹云和降雨云具有不同的雷达反射率三维形态和强度特征。综合国内外近年来强冰雹识别上的研究成果,选择强冰雹概率(表示为 G_{POSH})、垂直累积液态水含量(表示为 G_{VIL})、垂直累积液态水含量密度(表示为 $G_{D_{VIL}}$)、严重冰雹指数(表示为 G_{SHI})作为强冰雹的诊断因子。G_{VIL}、$G_{D_{VIL}}$、G_{SHI} 及 G_{POSH} 都是利用多雷达资料插值方案插值到直角坐标系下的网格上计算的,格点分辨率为 3 km×3 km×0.5 km。

① 垂直累积液态水含量

G_{VIL} 定义为雷达能探测到的大气单位面积柱体内的可降水质量之和,它是在假定反射率因子是完全由液态水散射得到的情况下,由反射率因子数据转换成的等价液态水质量,其计算公式是

$$G_{VIL} = \sum 3.44 \times 10^{-6} \times [(Z_i + Z_{i+1})/2]^{4/7} \Delta h_i \quad (2.15)$$

其中,G_{VIL} 的单位为 kg/m^2;Z_i 和 Z_{i+1} 分别是某个水平网格点上相邻垂直格点上的反射率因子,单位为 mm^6/m^3;Δh_i 是这两个反射率因子所在处之间的垂直格距,单位为 m。需要注意的是在 VIL 的算法中,为了消除冰对反射率的影响,设置了 56 dBZ 作为反射率的最高限值,但 VIL 却仍被广泛用作强冰雹的识别因子。

② 垂直累积液态水含量密度

$G_{D_{VIL}}$ 定义为 G_{VIL} 与雷达探测到的降水云的厚度之比,其计算公式为

$$G_{D_{VIL}} = G_{VIL}/(H_t - H_b) \quad (2.16)$$

其中，H_t、H_b 分别是雷达探测到的降水云的顶部和底部，单位都是 km，降水云的顶部是指三维雷达反射率插值场中垂直方向从上往下连续 3 个垂直格点对应反射率大于 18 dBZ 的条件下，最高格点对应的高度；底部是从下往上连续 3 个垂直格点对应反射率大于 18 dBZ 的条件下，最低格点对应的高度，$G_{D_{VIL}}$ 的单位是 g/m^3。

③ 强冰雹指数与强冰雹概率

强冰雹指数（G_{SHI}）是对流风暴可能降强冰雹的定量描述。本书基于网格的 SHI 的计算采用了类似于基于单体的 SHI 的算法，不同的只是它是基于多雷达三维网格的垂直累积。近风暴环境场（0℃和-20℃层高度）通过 ARPS 风暴模拟获得。

$$G_{SHI} = 0.1 \int_{H_0}^{H_t} W_T(H) \dot{E} dH \quad (2.17)$$

其中，H_0 是 0℃层高度；H_t 是回波顶高；H 表示高度；$\dot{E}$ 是冰雹动能，通过式（2.18）计算，单位为 $J/(m^2 \cdot s)$。

$$\dot{E} = 5 \times 10^{-6} \times 10^{0.084W(Z)} \quad (2.18)$$

其中，

$$W(Z) = \begin{cases} 0 & Z \leqslant Z_L \\ \dfrac{Z - Z_L}{Z_U - Z_L} & Z_L < Z < Z_U \\ 1 & Z \geqslant Z_U \end{cases} \quad (2.19)$$

其中，Z 是三维网格点对应的回波强度值，单位为 dBZ。权重函数 $W(Z)$ 通过对 Z_L 和 Z_U 的调整，定义了一个降雨云和降雹云的转换区。本书中 $Z_L = 40$ dBZ，$Z_U = 50$ dBZ。

$W_T(H)$ 是温度权重函数，通过下式计算：

$$W_T(H) = \begin{cases} 0 & H \leqslant H_0 \\ \dfrac{H - H_0}{H_{m20} - H_0} & H_0 < H < H_{m20} \\ 1 & H \geqslant H_{m20} \end{cases} \quad (2.20)$$

其中，H_0 是 0℃层高度，H_{m20} 是-20℃层高度，单位为 km，本书中通过 ARPS 模式的输出场得到。

强冰雹概率 G_{SHI} 对于确定风暴中是否存在冰雹是非常有用的，但还必须评估在冰雹降落到地面之前是否会完全融化。POSH 算法提出了一个与 0℃层高度有关的阈值 WT 来评估冰雹融化的可能性。

$$WT = 57.5 H_0 - 121.0 \quad (2.21)$$

POSH 按下式计算：

$$G_{POSH} = 29\ln(G_{SHI}/WT) + 50.0 \tag{2.22}$$

G_{SHI}是根据式（2.17）计算的格点强冰雹指数。

（2）强冰雹诊断参数识别能力的统计评估方法

使用上述诊断参数作为强冰雹的识别因子，必须根据各地的地形和气候状况对各诊断参数进行检验统计，获取强冰雹的最佳预警阈值。理想的统计特征应该来自大量样本，并且要求有真实的强冰雹云和非强冰雹云，这在实际操作过程中比较困难，我们只能通过地面的降雹观测资料间接判断一个风暴是否是强冰雹云。而且对于基于格点的统计来说，还必须判断是哪些格点导致了地面降雹，这比基于风暴单体的统计更加困难。

为解决这个问题，本书通过ARCGIS的空间分析工具集（Spatial Analysis Tools）的数字图像特征提取工具（Extraction）实现了对基于格点冰雹诊断参数的强冰雹云和非强冰雹云的采样。简要步骤如下：

首先利用防雹站点获得的冰雹观测资料，通过建立一定的规则，判断出哪些单体是强降雹单体，哪些是非强降雹单体；然后根据这些单体的经纬度坐标信息形成点层矢量文件；将基于格点的强冰雹诊断参数生成数字图像，然后对它进行地理空间校正，将它统一到同一个地理空间坐标系下；最后通过ARCGIS的空间分析工具集的数字图像特征提取工具，利用强降雹单体的点层矢量文件提取各数字图像的强冰雹诊断参数特征，利用非强降雹单体的点层矢量文件提取各数字图像的非强冰雹诊断参数特征。上述统计特征库的形成是基于贵州2005—2006年8次冰雹个例的贵阳和遵义多普勒雷达拼图资料，其中有些时次因为同步问题、观测的有效范围问题以及观测资料的漏缺只使用了单部雷达的观测资料，这类资料大概占全部使用资料的48.26%。但对于使用单雷达插值的格点强冰雹诊断参数，都要求必须在雷达的有效观测范围之内（即30 km<r<166 km），否则不进入统计特征库。

2.2.2 增雨作业云系

（1）分类研究

层状云和对流云具有不同的雷达反射率三维形态特征。层状云降水是由大范围的垂直上升运动引起的，垂直速度由天气尺度强迫产生。雷达探测层状云降水时表现为比较弱的反射率因子、相对小的水平反射率梯度、比较薄的垂直厚度、顶部比较平整、常出现零度（指0 ℃，下同）层亮带（如果地面降水是液态）。而对流性降水几乎都是由大气不稳定导致的1~10 m/s量级的空气垂直运动引起的。雷达探测对流性降水时表现为强的反射率因子、大的水平反射率梯度、大的垂直厚度、顶部不平整。这些形态特征在识别层状云-对流云降水中具有显著的作用。基于这些特征，我们提出以下3个候选识别参数，它们分别是垂直累积液态水含量（表示为 G_{VIL}、组合反射率的水平梯度（表示为 G_{CR}）、反射率因子等于 35 dBZ 的回波顶高的水平梯度（表示为 G_{ET}）。

通过雷达计算上述参数后，采用了基本形式为梯形函数的隶属函数系来对这 3 个识别参数进行模糊化，该函数的表达式为

$$T(x, x_1, x_2) = \begin{cases} 1 & x \leqslant x_1 \\ (x_2 - x)/(x_2 - x_1) & x_1 < x \leqslant x_2 \\ 0 & x > x_2 \end{cases} \quad (2.23)$$

在构造层状云和对流云的隶属函数时使用的参考门限值通过统计概率密度函数获得，对于 G_{CR}，$x_1 = 2.2$，$x_2 = 3.1$；对于 G_{ET}，$x_1 = 0.1$，$x_2 = 0.5$；对于 G_{VIL}，$x_1 = 0.1$，$x_2 = 0.4$。模糊化是将输入变量以隶属函数的方式转换成模糊基，图 2-5 给出了基于梯形函数构建的 3 个识别参数的隶属函数对应的层状云的模糊基。规则推断相当于求雷达观测值是层状云或对流云的条件概率，表达式为 $P_i = \sum_{j=1}^{n} w_j P_{ij}$，其中 i 代表云类型，j 代表输入变量，n 是输入变量的个数，P_{ij} 是第 j 个输入变量对第 i 类云的贡献，它等于相应的隶属函数值，w_j 是给第 j 个输入变量的权重，并且有 $\sum_{j=1}^{n} w_j = 1$，在这里取 $w_{G_{CR}} = 0.4$，$w_{G_{VIL}} = w_{G_{ET}} = 0.3$。由于只把云分成层状云和对流云两类，我们只需要求雷达观测值是层状云的条件概率 P_1，如果 $P_1 \geqslant 0.5$ 就被归为层状云，如果 $P_1 < 0.5$ 就被归为对流云。

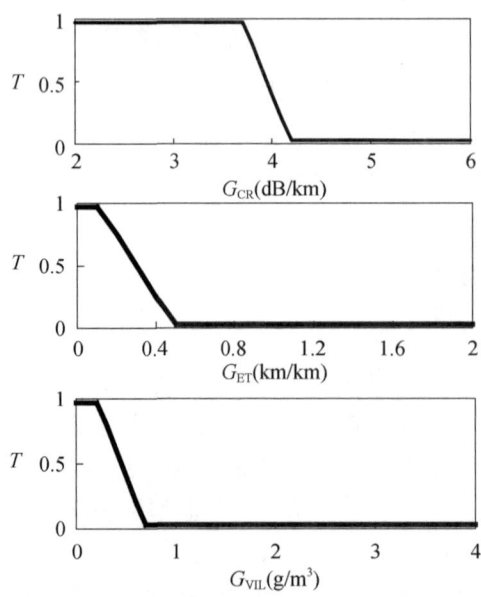

图 2-5 基于 T 函数的识别参数的模糊基设置

图 2-6 是根据上述算法的显示效果。

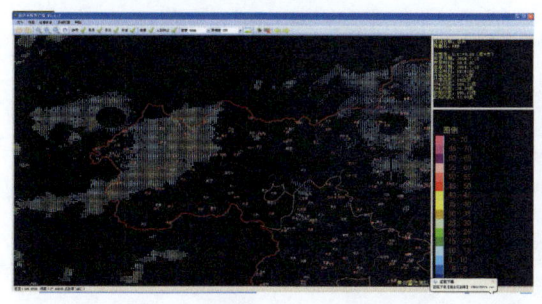 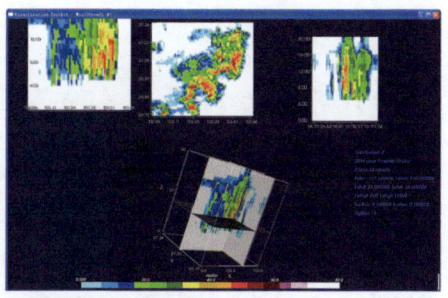

图 2-6　人工影响天气作业影响区的雷达三维显示效果

（2）增雨作业潜力区

人工增雨作业天气预警指标使用的输入参数包括最大回波强度 Z_{max}、回波顶高 H_E、零度层以上回波高度 H_{E0}。对每个指示产品使用模糊逻辑法，采用基本形式为梯形函数的隶属函数系对输入的参数进行模糊化，隶属函数见公式 (2.23)。

对于每个参数首先设置参考门限值，上下门限值分别为 x_2 和 x_1，门限两端的隶属函数值分别赋为 0 和 1，中间部分作线性处理。

各个参数的 x_1 和 x_2 分别设置如下：

Z_{max}：$x_1=20$ dBZ，$x_2=40$ dBZ

H_E：$x_1=6$ km，$x_2=10$ km

H_{E0}：$x_1=3$ km，$x_2=6$ km

权重设置：三个参数权重设置为可调值，程序中暂时设为相等，需要在运行中根据实际情况进行调整。

（3）防雹作业潜力区

该产品是根据前人研究结果，利用从雷达资料得到的回波顶高 H_E、最大回波强度 Z_{max}（从组合反射率因子中得到）、强中心高度 H_C、零度层高度 H_{E0}、垂直累积含水量 VIL、零度层以上冰水含量 VIL_0 等，建立与人工防雹作业天气预警的联系，利用模糊逻辑判断方法，得到 0～1 取值范围内人工防雹作业天气预警指标。

人工防雹作业天气预警指标使用的输入参数包括最大回波强度 Z_{max}、强中心高度 H_C、回波顶高 H_E、零度层高度 H_{E0}、垂直累积液态水含量 VIL。与上一个产品一样，对每个指示产品使用模糊逻辑法，采用基本形式为梯形函数的隶属函数系对输入的参数进行模糊化处理。

各个参数的 x_1 和 x_2 分别设置如下：

Z_{max}：$x_1=30$ dBZ，$x_2=40$ dBZ

H_C：$x_1=3$ km，$x_2=5$ km

H_E：$x_1=5$ km，$x_2=7$ km

H_{E0}：$x_1=3$ km，$x_2=5$ km

VIL：$x_1=20$ kg·m^{-2}，$x_2=40$ kg·m^{-2}

权重设置：三个参数权重设置为可调值，程序中暂时设为相等，需要在运行中根据实际情况进行调整。

2.3 三维GIS效果

2.3.1 GIS平台

基于国产三维地理信息系统，构建人影作业一体化指挥平台，实现雷达、雨量、云图等监测数据实时展示分析，重点完成雷达数据实时获取、三维可视化剖切分析、数据外推；实现人影作业区域识别、人影作业点预警以及作业参数计算发布等作业指挥。同时，系统可基于三维场景实现人影作业过程三维空间可视化模拟仿真。

（1）基于全空间GIS技术的基础平台（图2-7）

该模块主要考虑到雷达数据是时空探测数据，对时间和空间的要求比较高，为此，须选择同时具备地面、地上、太空等全空间的GIS平台技术，实现用户全时空应用场景的业务需求。

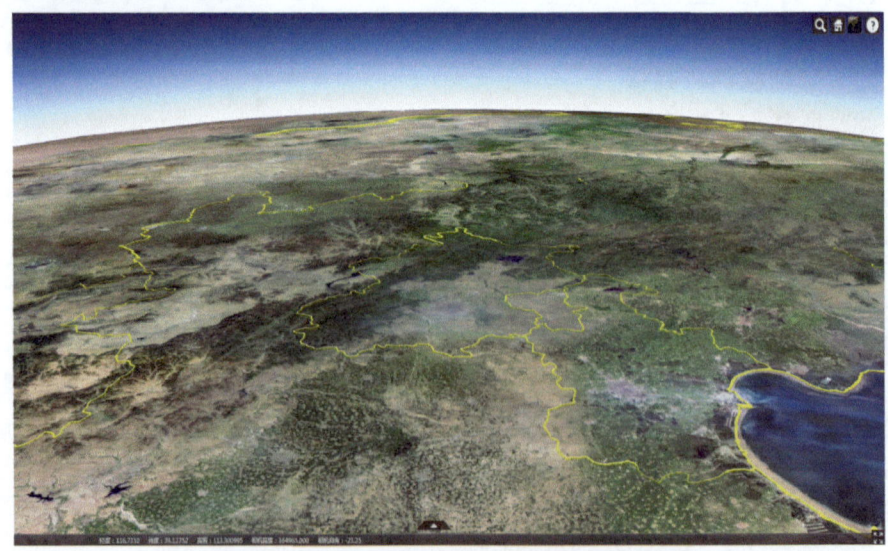

图2-7 基于全空间GIS技术的基础平台界面

(2) 高分辨率遥感地理信息数据库

随着人们日常生活和生产水平的提高，气象服务逐步走向精细化和智慧化，传统的以电子地图为基础的气象服务产品已经不能满足智慧气象业务的需求，为此须制作以区域高分遥感地理信息数据为基础的三维地理仿真场景，以此来满足雷达强时空特性的应用需求。

(3) 多源海量气象数据管理

该平台涉及的业务数据包括由上级下发的过程预报、潜势预报和条件预报等指导产品，以及本级区域雷达、云图以及雨量等气象监测数据，同时包括人影业务模式产品数据、特种观测数据等。该模块主要实现多源海量数据的实时动态更新及管理。

(4) 人影作业指导产品查询

该功能主要实现上级包括过程预报、潜势预报和条件预报等指导产品的实时查询，并做好各个阶段的人影作业准备工作。

(5) 气象监测数据可视化展示分析

该功能主要实现包括雨量、云图、雷达、模式产品等数据的空间可视化展示分析。

(6) 雷达数据时空分析

在有天气过程的情况下，基于三维平台，实现雷达数据读取与处理，实现雷达数据的三维层显示，实现雷达数据空间三维体显示，实现雷达数据外推，实现对指定等级（强度/速度/谱宽，通过色标选取）的回波进行三维体显示及空间任意角度剖切分析。

(7) 人影作业指挥

以人影作业过程预报、潜势预报和条件预报等过程的指导产品为基础，基于B/S架构的三维平台和雷达数据分析结果，实现人影作业区域识别、作业点预警以及作业参数计算发布。

(8) 产品制作输出

实现人影作业指挥产品的制作输出，同时实现雷达可视化显示产品、分析产品的制作及输出。

2.3.2 雷达展示

将雷达回波进行三维显示，指挥人员可以直观地分析雷达回波的强度分布、空间结构等信息。三维雷达回波显示提供三层雷达 3D 显示，分别称作内层、中层和外层。可以通过前面的选项，选择显示和取消某层 3D 雷达。每一层都可以半透明显示。

(1) 逐层强度剥离显示

多普勒雷达资料可以从 15 dBZ 开始进行不同强度雷达回波的三维空间分布显示，图 2-8 和图 2-9 分别为 30 dBZ 和 45 dBZ 三维雷达回波图像。

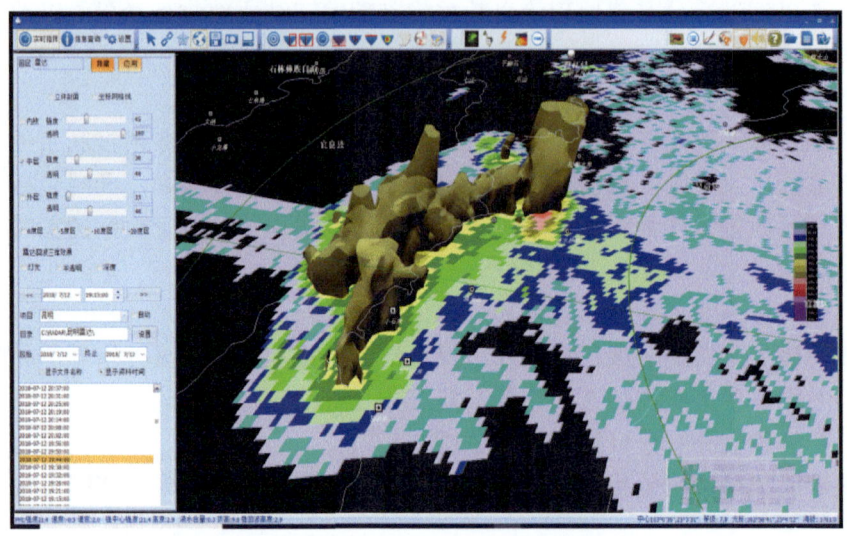

图 2-8　30 dBZ 三维雷达回波图像

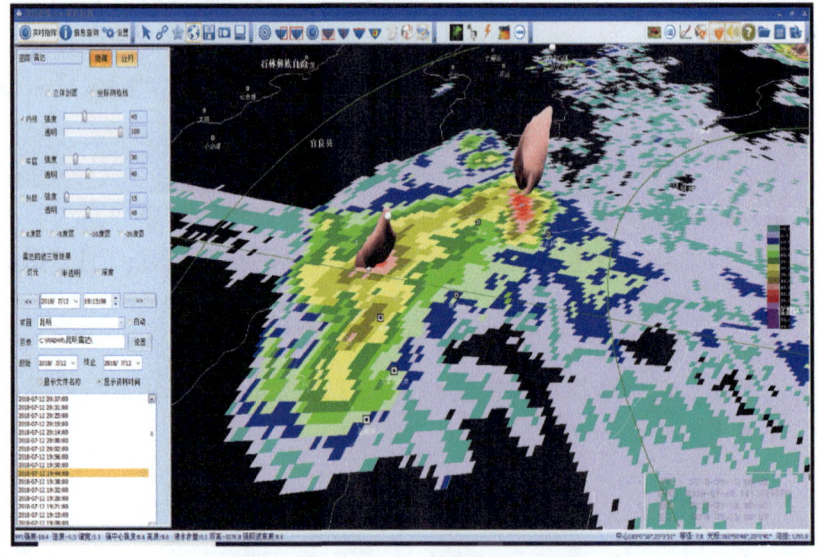

图 2-9　45 dBZ 三维雷达回波图像

(2) 双层三维雷达回波半透明显示

选择内层 3D 回波和外层 3D 回波显示选项，将内层雷达回波设置为 50 dBZ，外层雷达回波设置为 30 dBZ，可以获得如图 2-10 所示效果的三维雷达回波图像。

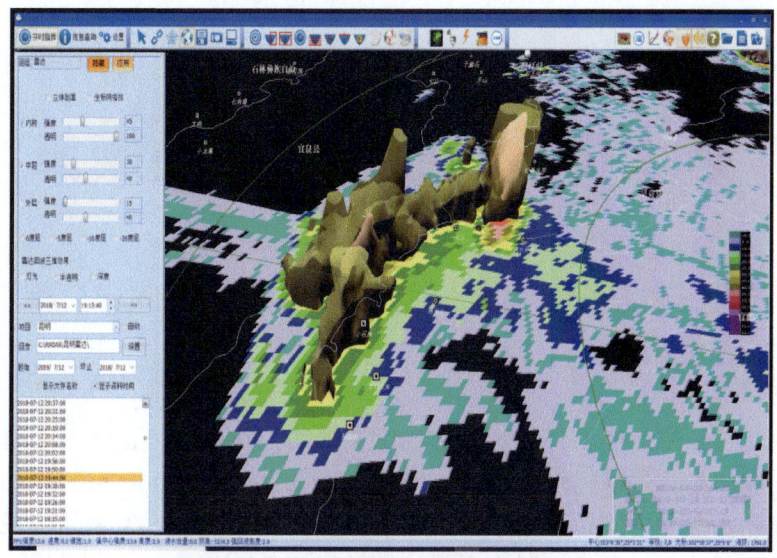

图 2-10　双层半透明三维效果显示

（3）三维产品叠加温度层高度

利用三维空间建模技术，实现三维雷达回波在温度层中的位置的标记。

支持 0 ℃、−5 ℃、−10 ℃、−20 ℃层三维雷达回波颜色的随意标记。在三维雷达操作窗口上选择相应的温度层高度，系统即可显示雷达回波在这些温度层高度的实况标记（图 2-11）。

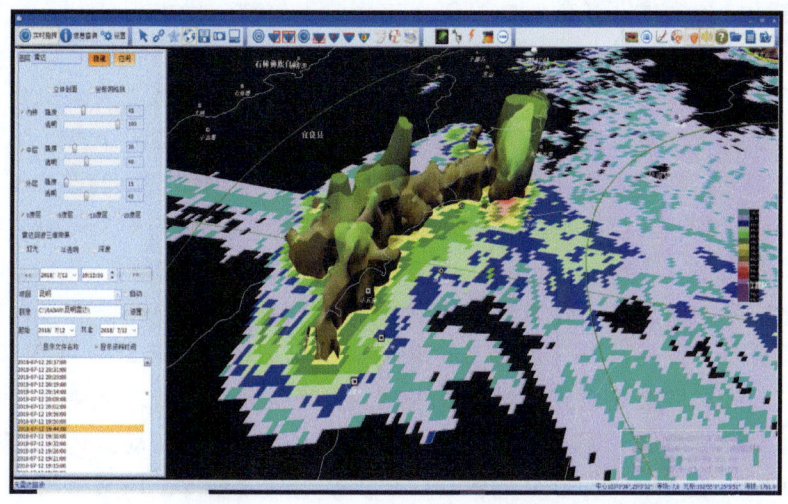

图 2-11　标记−10 ℃和−20 ℃层高度的雷达回波实况

第 3 章　作业参数自动测算

3.1　雷达跟踪

在贵州特殊的地形条件下，多普勒雷达探测存在一定的盲区，同时由于局地天气过程多，尤其是冰雹发生发展极快，多普勒雷达 6 min 一次的体扫用于实时作业指挥存在时效性问题。因此，贵州在以多普勒天气雷达为主的区域天气监测预警系统的基础上，通过广泛应用局地预警指挥雷达，确立"大雷达预警、小雷达指挥"的人工影响天气作业预警指挥模式，进一步增强全省对人工影响天气的监测能力，缩小监测贵州特殊地形所触发的局地强对流天气和空中云水资源的网格距，形成一个基本完善的监测系统。

3.1.1　大雷达预警

市级人工影响天气部门在三维多普勒雷达拼图的基础上，跟踪监测作业云系的发展变化，达到作业条件时向县级人工影响天气部门发出预警。

（1）回波跟踪外推

采用两种方法进行回波的跟踪和临近预报，即适合于对流云的单体识别、跟踪模块和适合于大范围层状云降水的最大相关系数回波跟踪模块。

单体识别、跟踪模块由四个子功能组成：风暴单体段（C Storm Segment 类）、风暴单体质心（C Storm Centroid 类）、风暴单体跟踪（C Storm Track 类）和风暴位置预报（C Storm Forecast 类）。风暴单体段识别反射率因子的径向排列，并将段上的信息输出到风暴单体质心子功能中。风暴单体质心子功能将段组合成二维分量，并使这些分量垂直关联构成三维单体，再计算这些单体的属性。单体及它们的属性被输出到风暴单体跟踪及风暴位置预报子功能中。风暴单体跟踪子功能是通过最优匹配算法将当前体积扫描发现的单体与前次体积扫描发现的单体做匹配来监视单体的移动。风暴位置预报子功能是依据风暴移动的历史来外推风暴将来的质心位置。

层状云作业影响区跟踪模块主要基于最大相关系数的方法来跟踪雷达回波，该方法将回波区域划分成若干个矩形区域，将第一时刻的回波图像中的一个矩形区域，在搜索半径内向任一方向移过一定的距离，然后计算此矩形区域与第二时刻相同大小的矩形区域之间的交叉相关系数，对于不同的移动位置，会得到不同的相关系数值，直到找到极大值为止，具有最大相关系数的移动就是移动矢量。计算公式如下：

$$R = \frac{\sum Z_1(i)Z_2(i) - n^{-1}\sum Z_1(i)\sum Z_2(i)}{\{[\sum Z_1^2(i) - n\overline{Z}_1^2][\sum Z_2^2(i) - n\overline{Z}_2^2]\}^{1/2}} \quad (3.1)$$

式中，Z_1、Z_2 分别为 T 时刻和 $T+\Delta t$ 时刻反射率（雨强）的矩阵。n 为矩阵的数据点数。通过上式就可以求出间隔 Δt 时间的两个矩阵的相关系数，重复这个过程，直到找到最大的相关系数，此时，从 T 时刻矩形网格的中心位置指向 $T+\Delta t$ 时刻矩形网格的中心位置的矢量即为 TREC 矢量。据此外推 $T+N \times \Delta t$ 时刻暴雨的位置。

根据 TITIAN 算法和 SCIT 回波追踪算法，开发最佳匹配方案算法，对原有算法进行改进。结合回波位置的连续变化，计算出回波的移动速度和移动方向，并在 GIS 地图上对回波跟踪信息进行可视化显示（图 3-1），包括回波编号、回波预警信息、回波边界、回波未来移动方向和位置，如图 3-2 所示。

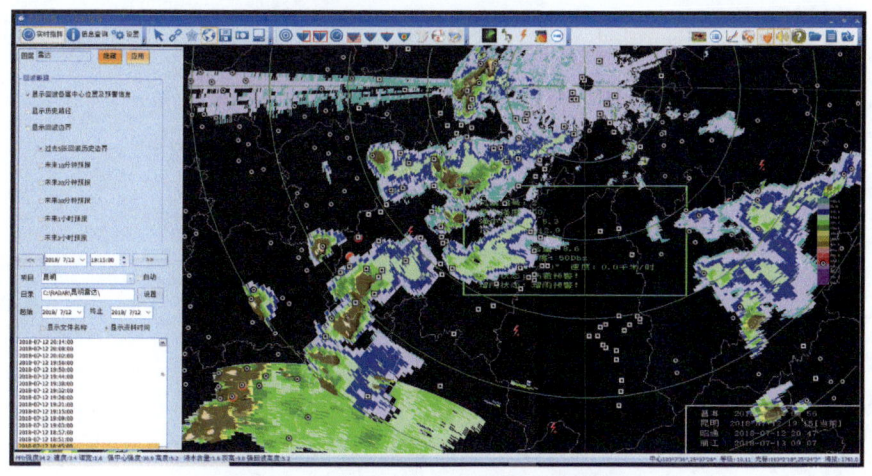

图 3-1　回波跟踪信息 GIS 可视化显示

（2）增雨和防雹判别指标（图 3-3）

按照不同月份对当地雷达回波进行强度、面积、液态水含量等特征值的一些阈值设定，并随着业务研究不断改进。指标包括回波宽度、回波顶高、强回波顶高、强中心强度。利用雷达提取回波信息，对每一块回波达标的情况进行判断，判别其是否达到防雹或增雨指标。判断后，对达到防雹（或者增雨）指标的回波进行作业预警或作业条件分析。系统为作业点建立了判断其预警条件和作业条件的指标模型，对符合增雨作业预警（或者防雹作业预警）的雷达回波，进行 10 min、15 min、20 min 的未来位置预测分析，并在未来的位置上根据作业点指标进行判断分析，如果作业点满足作业预警条件指标，则产生作业点预警信息。

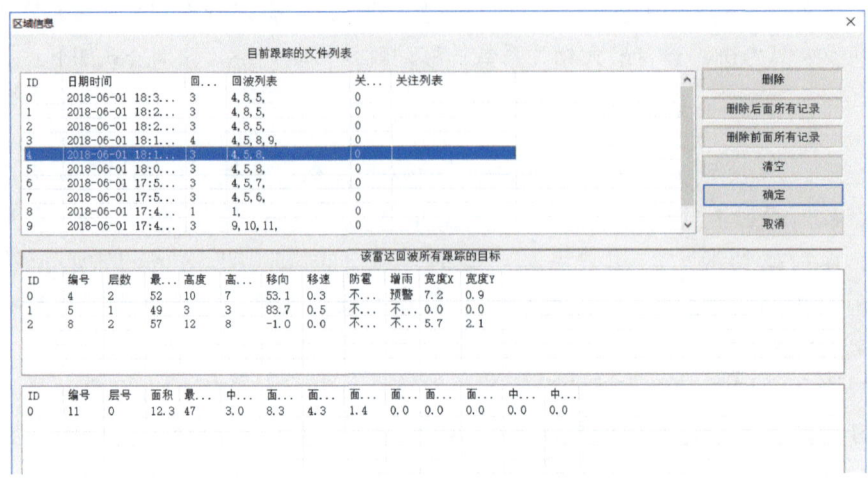

图 3-2　回波跟踪信息数据输出

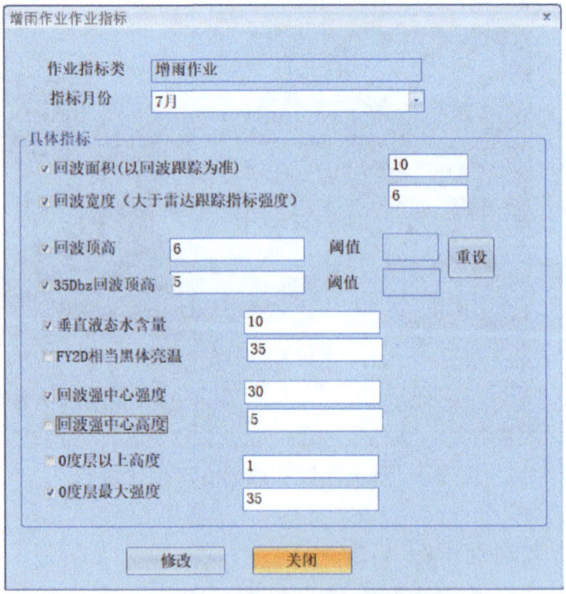

图 3-3　雷达回波预警判别指标

  作业点预警指标包括增雨预警指标、增雨作业实施指标、防雹作业预警指标、防雹作业实施指标。每类指标的内容包括作业点预警半径、最强回波强度、平均回波强度、强回波距离、强回波移入区域的面积比例、强中心高度以及其他一些作业点可以统计的雷达回波信息。如果作业点的增雨指标设置合理，在达到作业条件的雷达回波出现时，达到预警或者作业条件的作业点图标就会以闪烁的方式显示。

3.1.2 小雷达指挥

县级部门收到市级部门发出的预警后,启动局地预警雷达进行跟踪观测,雷达系统自动根据作业工具弹道曲线和作业识别指标,滚动测算作业参数。

(1) 局地预警雷达作业指标

① 防雹指标

建立"三适当"科学化作业参数测算模型,并用实际作业效果加以验证,人工防雹有效率从82%上升到91.6%。

选取防雹作业主要指标回波强度 x_1、回波高度 x_2、强回波高 x_3、08时气压 x_4、08时气温露点差 x_5 作为因子,得出对应回归系数,回归方程为

$$y=0.22+0.50x_1+0.022x_2+0.11x_3+0.12x_4+0.30x_5$$

综合指标的判据为 $y \geqslant 0.49$(冰雹)。

判别指标如表3-1和表3-2所示。

表3-1 雷达识别冰雹云与雷雨云指标

云型	45 dBZ 回波顶高(km)	45 dBZ 回波顶温(℃)
强冰雹云	≥8.0	≤−20.0
弱冰雹云	7.0~8.0	−20.0~−14.0
雷雨云	<7.0	>−14.0

表3-2 雷达识别冰雹云与非雹云指标

参量云类	H_a (km)	Z_m (dBZ)	H_{zm} (km)	h_-/h_+	S_{30} (km²)	S_{40} (km²)
非雹云	4.8	32	2.1	1.2	3.6	2.8
冰雹云	10.0	45	6.5	3.5	16.0	12.0

表3-2中,H_a 为回波顶高;Z_m 为回波强度;H_{zm} 为最大雷达反射率对应的高度;h_-/h_+ 为云中冷区与暖区之比,h_- 定义为 H_a 与 H_0(0℃线高度)之差;h_+ 为 H_0 与 H_b(云底高度)之差;S_{30} 为衰减30 dBZ后云体的覆盖面积;S_{40} 为衰减40 dBZ后云体的覆盖面积。

② 增雨指标

利于增雨作业的条件,一是在降水性天气系统背景下,处于发展阶段的积雨云、浓积云,回波顶高处在−5~−20℃层所在的位置,强度大于25 dBZ;二是在抗旱期间,回波顶高在−5℃以上位置,处于发展阶段,出现雨幡或降水时,也可对大范围系统降水性层状云作业。因此,对于局地预警雷达的增雨云层作业条件给出的主要指标及典型值为:

a. 回波强度≥25 dBZ；

b. 回波顶高≥6 km；

c. 回波水平宽度≥3.5 km；

d. 回波预警阈值强度≥20 dBZ；

e. 20 dBZ 回波顶高≥4 km；

f. 20 dBZ 回波水平尺度≥2 km。

（2）威宁模式

以威宁为试点，研制基于常规数字化雷达的局地作业预警指挥系统，通过回波强度、尺度、结构、演变和其他物理量，确定所针对的雷达回波是否出现降雹、降雨等天气过程，然后通过数学方法推算回波覆盖区域内作业点分布情况，输出适合实施作业炮站的方位、仰角、用弹量等作业参数，为指挥炮站精确作业提供科学依据。

在作业指挥过程中，威宁县气象局雷达（图 3-4～图 3-6）通过 PPI 扫描发现冰雹云系时，指挥人员可适时进行 RHI 扫描，此时系统根据本地化作业指标进行判断，结合当天 0 ℃层和 −20 ℃层的高度，自动识别出冰雹云系即将影响的炮站，并进行动态更新。

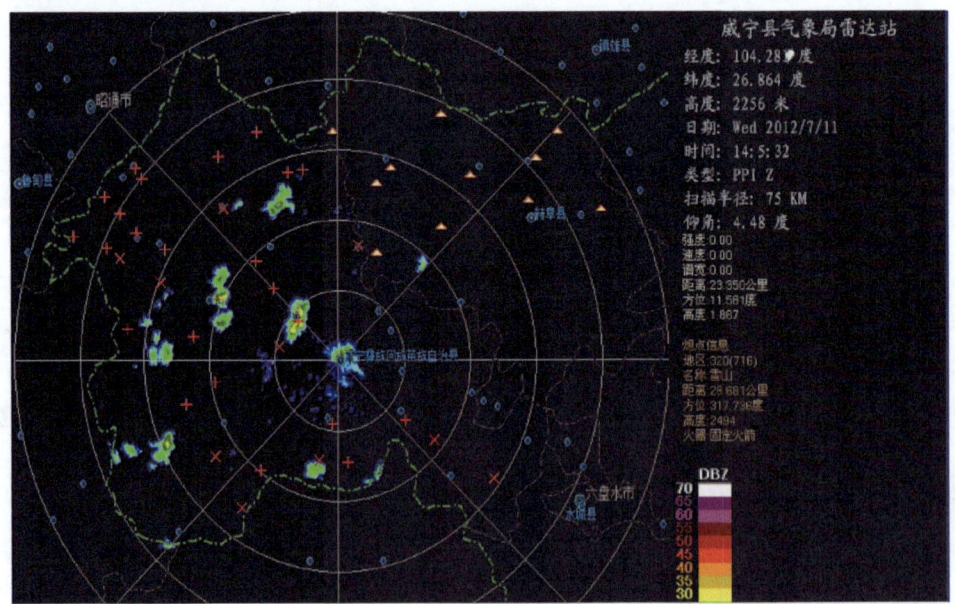

图 3-4　威宁 XDR-M1D 型 X 波段局地作业指挥雷达

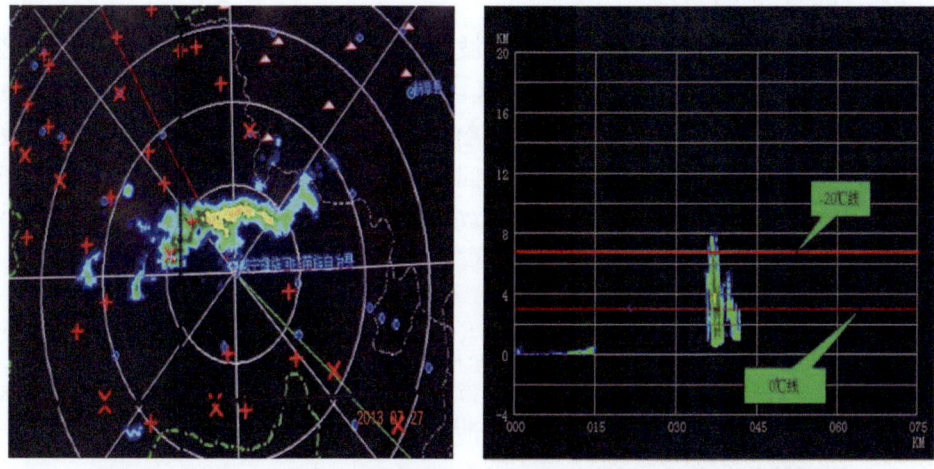

图 3-5　威宁县人工影响天气雷达 PPI（左）和 RHI（右）扫描界面

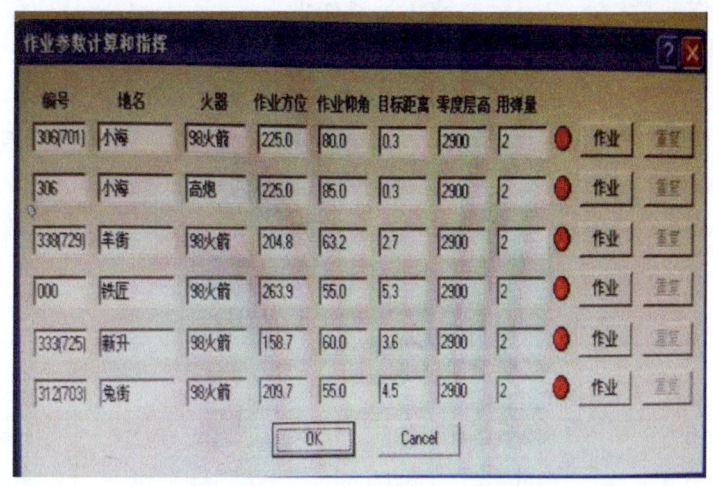

图 3-6　威宁县人工影响天气雷达作业参数测算界面

3.2　计算参数

3.2.1　射击方式

高炮（火箭）作业时采用何种射击方法，关系到入云催化的效果。目前，国内针对不同的云体提出了前倾梯度射击组合、垂直梯度射击组合、水平射击组合、同心圆射击组合、后倾射击组合、扇形点射、侧向射击等作业方法。射击组合方法与回波结构、回波所处作业点的位置、回波移动方向具有密切的关系。

25

(1) 回波结构的划分

在雷达回波水平区域内,我们把回波分为非回波区、弱回波区和强回波区三个区域。其中,非回波区指无回波的区域,弱回波区指除强回波区外的回波区域,强回波区指 25 dBZ 强度以上所覆盖的区域。在雷达回波垂直方向上,我们把回波分为悬垂回波、纺锤回波和下坠回波三种垂直结构。其中,悬垂回波指强回波区主体处于回波上部,上宽下窄;纺锤回波指强回波区主体处于回波中部,上下分布较为均匀;下坠回波指强回波区主体处于回波下部,上窄下宽。

(2) 作业点前后沿识别

判断作业点处于回波什么作业区域是实施有效作业的依据,需要根据回波的移动方向来判别作业点所处的位置。我们把处于回波移动方向来向的区域称为作业前沿区,表示回波正朝作业点移动;把处于回波移动方向来向相反的区域称为作业后沿区,表示回波正远离作业点而去;把处于回波移动方向来向两侧的区域称为作业侧区,表示回波从作业点边沿移动。如图 3-7 所示。

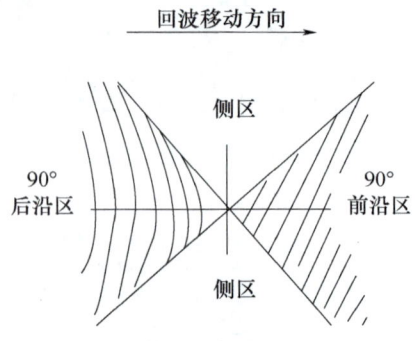

图 3-7 作业点前后沿识别

(3) 确定作业射击方法

当作业点在有效射程范围内时,根据回波结构和作业区给出作业射击组合方法。表 3-3 是作业区、回波结构与作业射击方式关系表。

表 3-3 作业区、回波结构与作业射击方式关系表

作业区	悬垂结构	纺锤结构	下坠结构
非回波区前沿	前倾梯度(迎击)	垂直梯度(迎击)	水平扇射(迎击)
非回波区侧面	*侧向扇射(侧击)	*侧向扇射(侧击)	*侧向扇射(侧击)
非回波区后沿	*扇形点射(追击)	*扇形点射(追击)	*扇形点射(追击)
弱回波区前沿	前倾梯度(迎击)	垂直梯度(迎击)	水平扇射(迎击)
弱回波区侧面	侧向扇射(侧击)	侧向扇射(侧击)	侧向点射(侧击)
弱回波区后沿	后倾扇射(追击)	后倾扇射(追击)	扇形点射(追击)
强回波区前沿	同心圆扇射	同心圆扇射	同心圆扇射
强回波区侧面	侧向扇射(侧击)	侧向扇射(侧击)	侧向扇射(侧击)
强回波区后沿	后倾扇射(追击)	后倾扇射(追击)	后倾扇射(追击)

备注:*表示协同,括号内表示火箭、高炮主体方位作业方式。

3.2.2 作业参数

(1) 作业用弹量

计算作业云体体积(圆锥体):

$$V = \pi D^2 h / 12 \quad (3.2)$$

其中，V 为云体体积；D 为强回波平均水平宽度；$h = H - H_{-5}$（H 指强回波顶高，H_{-5} 指 -5 ℃ 层高度）。

改进算法：每相邻两层间按圆台体积公式分别计算，从而得到整个高度层的体积。每层体积计算公式：

$$V = \pi (R_2 + R_r + r_2) h / 3 \quad (3.3)$$

计算防雹作业用弹量：

$$M = \frac{VQ}{GfEn} \times 10^9 \quad (3.4)$$

其中，M 为用弹量；V 为作业对象云体体积（km³）；Q 为作业云中含水量（g/m³）；G 为 0 ℃ 层高度单个冰雹粒子质量，一般为 0.5 g；f 为催化剂成核率（个/g）；E 为人工冰核播撒可增长成人工雹胚的份额，一般取 $10^{-3} \sim 10^{-4}$；n 为一发人雨弹的 AgI（碘化银）含量（g）。

根据探空资料查得 q_0 和 q_{-20} 的比湿，取 -10 ℃ 层的空气密度 $\rho = 0.86 \, \text{kg/m}^3$，则 $Q = (q_{-20} - q_0) \times \rho$。

一般防雹用弹量可参考表 3-4。

表 3-4 防雹用弹量参考 （单位：发）

雹云种类	初生期用弹量	发展期用弹量	总用弹量
中等雹云	50	100~150	150~200
弱单体	<50	<100	100
强单体	100	>200	>300
弱复合单体	50	100	150

（2）作业方位

为了结合炮点的实际作业方位，将作业主体方位划分为 8 个方位，其方位与雷达方位角的关系见表 3-5。

表 3-5 方位与雷达方位角的关系

方位	雷达方位角	直角坐标	方位	雷达方位角	直角坐标
东	67.5°~112.5°	22.5°~337.5°	西	247.5°~292.5°	202.5°~157.5°
东南	112.5°~157.5°	337.5°~292.5°	西北	292.5°~337.5°	157.5°~112.5°
南	157.5°~202.5°	292.5°~247.5°	北	337.5°~22.5°	112.5°~67.5°
西南	202.5°~247.5°	247.5°~202.5°	东北	22.5°~67.5°	67.5°~22.5°

(3) 作业仰角

① "三七"高炮

设作业的射程（水平距离）为 x，射高为 h，弹丸初速度为 $V_0=866$ m/s，射角为 θ，原点到 A 点横坐标的距离为 x_1，A 点横坐标到弹丸最高点横坐标的距离为 x_2，如图 3-8 所示。

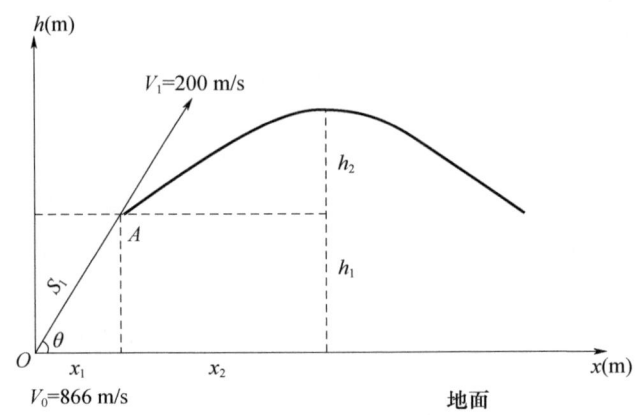

图 3-8 作业仰角测算示意图

在炮弹发射时，由于初速度很大，在 $t_1=7$ s 内可看作直线运动，设 α 为与空气阻力有关的系数，则 t_1 秒后，速度 $Vt_1=V_0-\alpha t_1$，求得 $\alpha=95$ m/s²，斜距（原点到 A 点的距离）$S_1=V_0 t_1 - \alpha t_1^2/2 \approx 3735$ m。弹丸从出膛到自炸所用时间为 $t_{炸}$。

7 s 以后炮弹的飞行按抛物线轨迹运动，则水平距离 x 与射高 y 为

$$x = x_1 + x_2 = 3735 \times \cos\theta + 200 \times \cos\theta \times (t_{炸} - 7) \quad (3.5)$$

$$y = h_1 + h_2 = 3735 \times \sin\theta + 200 \times \sin\theta \times (t_{炸} - 7) - 9.8 \times (t_{炸} - 7)^2 / 2 \quad (3.6)$$

如果选用碘化银作催化剂，那必须在 −5 ℃ 层高度以上的位置，才能提高催化剂的有效利用率。根据系统预先设置的高炮引爆时间（默认是 12 s），可以计算出作业仰角，然后根据弹道表（表 3-6）可以计算出方位距离。

表 3-6 "三七"高炮弹道表

		"三七"高炮射角							
	y/x	85°	80°	75°	70°	65°	60°	55°	50°	45°
引信自炸时间	8 s	3771/350	3722/698	3642/1039	3530/1370	3389/1690	3219/1994	3022/2280	2801/2546	2557/2790
	10 s	4306/409	4248/814	4153/1211	4021/1597	3854/1968	3654/2321	3423/2652	3163/2959	2877/3239
	12 s	4778/464	4711/924	4602/1375	4451/1813	4259/2232	4030/2631	3765/3004	3468/3349	3142/3663

续表

y/x		"三七"高炮射角							
		85°	80°	75°	70°	65°	60°	55°	50°	45°
引信自炸时间	14 s	5193/518	5118/1030	4995/1533	4824/2020	4609/2486	4351/2928	4053/3341	3720/3722	3355/4067
	16 s	5556/569	5473/1133	5336/1685	5147/2220	4907/2731	4621/3214	4292/3665	3923/4079	3520/4453
	18 s	5871/620	5780/1233	5629/1833	5421/2414	5158/2968	4844/3491	4484/3977	4081/4423	3641/4824
	20 s	6140/669	6040/1331	5876/1978	5649/2603	5363/3199	5022/3760	4631/4280	4194/4756	3719/5182

② 火箭

火箭发射仰角是根据作业目标云层高度、作业点到作业区域距离以及火箭弹道参数确定的。弹道参数通常由生产厂商给出。目前贵州的火箭弹主要有两种：WR-98 型和 WR-1A 型。作业时必须确保火箭的播撒段正好在云系的核心部位，如图 3-9 所示。

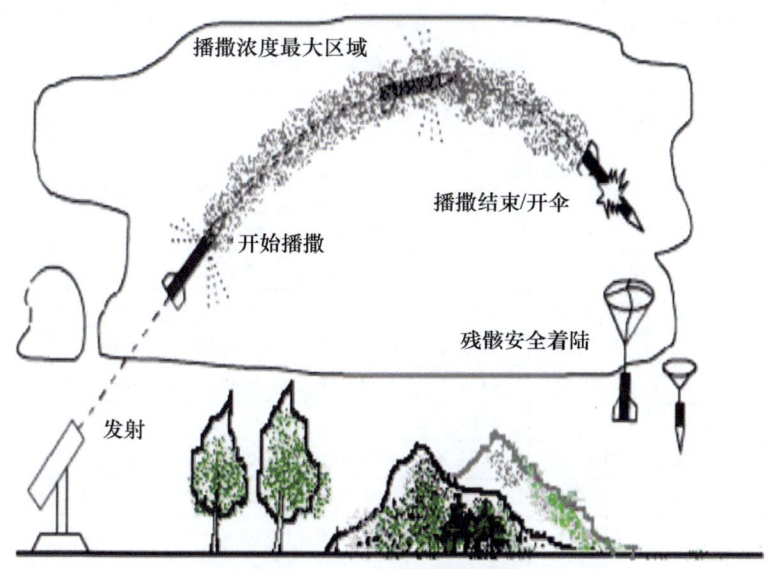

图 3-9　作业仰角测算示意图

在火箭作业参数设为自动时，系统自动根据目标区域云层高度计算出火箭炮点与作业区域之间的距离，程序根据事先录入系统内的弹道参数表（表 3-7 和表 3-8），快速自动识别生成反射仰角参数。

表 3-7　WR-98 火箭弹道参数表　　　　　　　　　　（单位：m）

射角(°)	起始播撒点坐标		弹道最高点坐标		终止播撒点坐标		理论落点
	x	y	x	y	x	y	
54	2760	3380	5630	5200	7660	2990	8450
56	2640	3480	5530	5450	7380	3300	8220
58	2500	3580	5370	5680	7080	3600	7960
60	2370	3670	5280	5900	6760	3900	7680
62	2230	3760	4990	6120	6420	4180	7360
64	2080	3840	4800	6320	6060	4450	7010
66	1940	3920	4410	6530	5690	4700	6630
68	1790	3990	4150	6720	5290	4950	6230
70	1630	4050	3840	6890	4880	5170	5790
72	1480	4120	3520	7050	4440	5380	5320
74	1320	4170	3230	7200	4000	5570	4820
76	1160	4220	2820	7340	3540	5740	4300
78	990	4260	2430	7600	3060	5900	3750
80	830	4300	2110	7900	2570	6030	3170
82	670	4330	1410	8000	2070	6140	2560
85	420	4360	1090	8090	1300	6250	1620

表 3-8　WR-1A 火箭弹道参数表　　　　　　　　　　（单位：m）

射角(°)	起始播撒点坐标		弹道最高点坐标		终止播撒点坐标		理论落点
	x	y	x	y	x	y	
55	1816.9	2295.3	5026.7	4287.3	5727.2	4169.3	8769.1
57	1728.2	2361.3	4888.5	4488.4	5472.8	4398.8	8553.8
59	1636.9	2424.1	4728.8	4685.3	5207.0	4619.5	8302.5
61	1543.2	2483.4	4548.5	4875.9	4929.4	4829.6	8013.2
63	1447.1	2539.3	4347.2	5060.1	4641.2	5029.3	7687.2
65	1348.9	2591.7	4125.5	5237.0	4342.8	5218.0	7324.8
67	1248.7	2640.4	3884.7	5405.1	4034.4	5394.6	6924.2
69	1146.6	2685.3	3623.4	5563.0	3716.4	5558.3	6484.1
71	1042.7	2726.5	3343.9	5711.0	3390.1	5709.6	6007.7
73	937.27	2763.7	3046.1	5847.0	3055.6	5847.0	5494.6
75	830.41	2796.9	2731.4	5970.6	2713.8	5970.3	4946.4
77	722.28	2826.2	2401.4	6081.6	2365.7	6079.9	4365.6
79	613.04	2851.9	2057.3	6177.4	2011.6	6173.7	3753.3
81	502.87	2872.4	1701.4	6259.5	1652.7	6253.3	3113.6
83	391.92	2889.3	1334.6	6325.2	1289.7	6316.7	2448.9
85	280.37	2901.9	959.3	6374.8	923.46	6364.2	1763.4

第 4 章　作业信息实时发布

贵州省人工影响天气办公室根据贵州省的实际情况，针对传统通信方式不能适应日益增长的大规模作业要求的局限，基于计算机网络和现代移动通信技术，因地制宜，主要面向基层作业指挥和作业实施的需求，研制与开发了贵州省人工影响天气炮站作业信息发布系统。系统包括作业指挥端和炮站作业前端两个部分，具有较强的作业指导性和调度实时性，能全面地监控各作业站点的状态并汇总相关信息，减少以往在各级指挥中心之间联系过程中的时间消耗，较大地提高全省人工影响天气的作业效率和技术水平。

4.1　发布体系

4.1.1　主要内容

（1）作业指挥端

省级指挥中心利用固定公网 IP 光纤专线架设作业指令服务器，并构建中国移动 GPRS 分组交换网络，省、市、县三级指挥中心之间通过气象系统内部网络连接并交换数据，三级指挥中心的指令均通过省级指挥中心的作业指令服务器下发。

作业指挥网络结构示意图如图 4-1 所示。

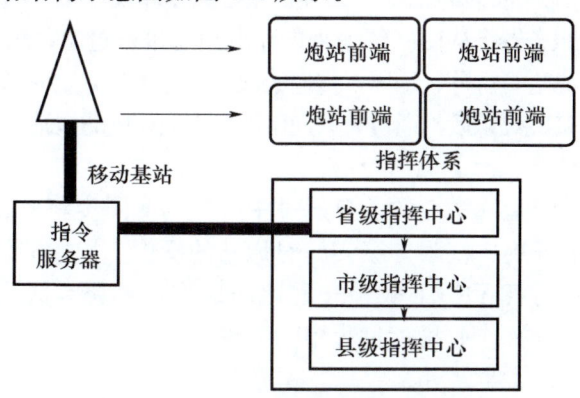

图 4-1　作业指挥网络结构示意图

（2）作业前端

作业前端属于专制的移动短信和 GPRS 集成型通信设备，采用嵌入式开发，整个作业指挥以信息指令为主，语音通话为辅，作业指令采用 GPRS 通道，语音采用移动电话通道。系统能一边充电一边使用，如果停电能坚持 12 h，七吋①触摸式屏幕，汉字输入采用手写方式，数字采用点击方式，开机时通过连接作业指令服务器进行校时。作业前端系统的每一步操作在三级指挥中心均有实时显示，并且系统有计时功能，一旦达到作业结束时间，作业前端会发出声音，此时炮站必须马上停止作业，并点击确认"作业结束"回复。如果再过 2 min 炮站还没确认，前端"作业结束"确认功能将被禁止，省级调度中心将其列入黑名单，不能再申请作业，直到各级指挥中心次日重新核查后由省级指挥中心批准才能重新启用。

其操作流程如图 4-2 所示。

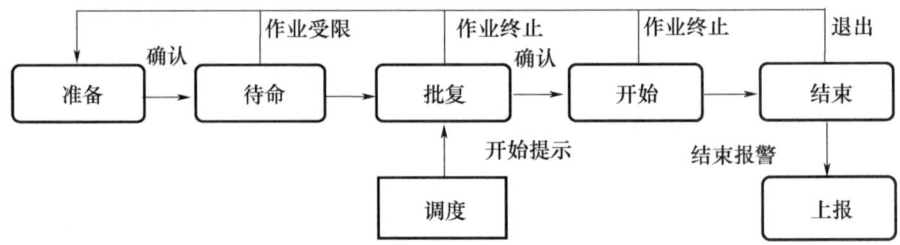

图 4-2 作业前端系统操作流程图

4.1.2 设计实现

系统根据人工影响天气业务流程和技术要求，采用高级程序语言进行编程设计，建立各功能模块和数据库信息管理软件，形成业务标准化的省、市、县三级作业指挥、调度及安全监控流程。系统分为公网和内网两个部分，公网部分主要针对作业指挥端和作业前端需要交互的作业指令进行控制和筛选，内网部分主要针对作业过程在指挥端的显示以及统计数据的挖掘，另外，中心数据库设计实现两个部分之间的数据交互和管理。指令服务器将从内网传输来的作业信息进行过滤，剔除错误和无关的信息，把过滤后的信息进行拆分、编码，传递给数据储存模块，定时从数据储存模块取得待发送数据，并对其编码以后再通过公共通信网发送到相应的炮站。如图 4-3 所示。

（1）作业指挥

省、市、县三级指挥中心的信息通过中心数据库同步获取和显示，使用同一套指挥端软件，依据用户权限等级实施对炮站的操作，指挥端软件可读取多普勒雷达体扫数据，并为 TWR-01 型天气雷达局地作业预警系统设置接口，使县级指挥中心能很好地发挥作业指挥过程中的关键作用。

---

① 吋，即英寸。1 吋＝2.54 cm。

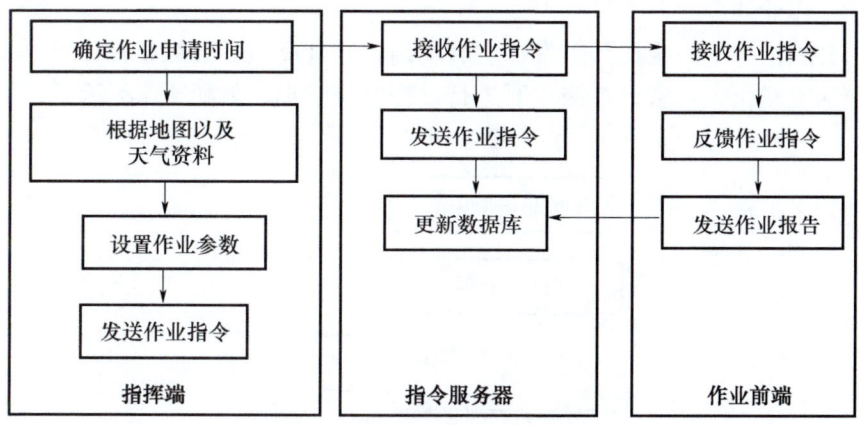

图 4-3　系统整体设计数据流程图

指挥系统建立在计算机辅助指挥的基础上，依托于高速公共信息网络通信，使用计算机图形学技术和数据储存、分析技术，进行全省人工影响天气作业调度指挥及安全监控。指挥中心依据天气分析和雷达监测预警系统，当可能出现或已出现大范围活动的天气系统时，实时给出全省范围内的灾害预警区域和可作业区域，并启动连续跟踪监测，同时指示相应指挥端或作业前端，进入相应作业类型、预备等级。如图 4-4 所示。

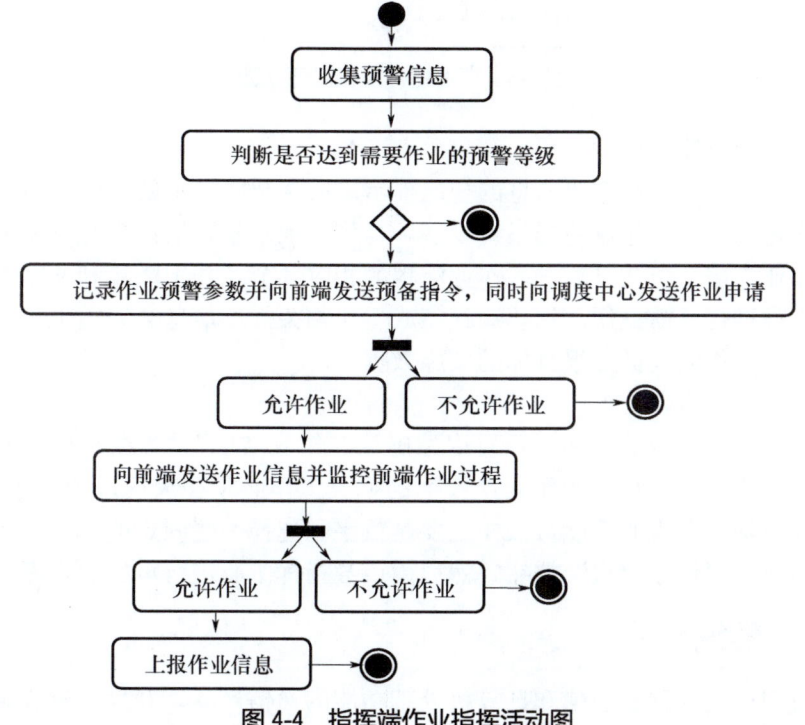

图 4-4　指挥端作业指挥活动图

（2）作业调度

由县级指挥中心根据预警发出空域申请，空管反馈后县级指挥中心再向炮站作业前端发送指令，省、市级主要进行过程监控管理。如图4-5所示。

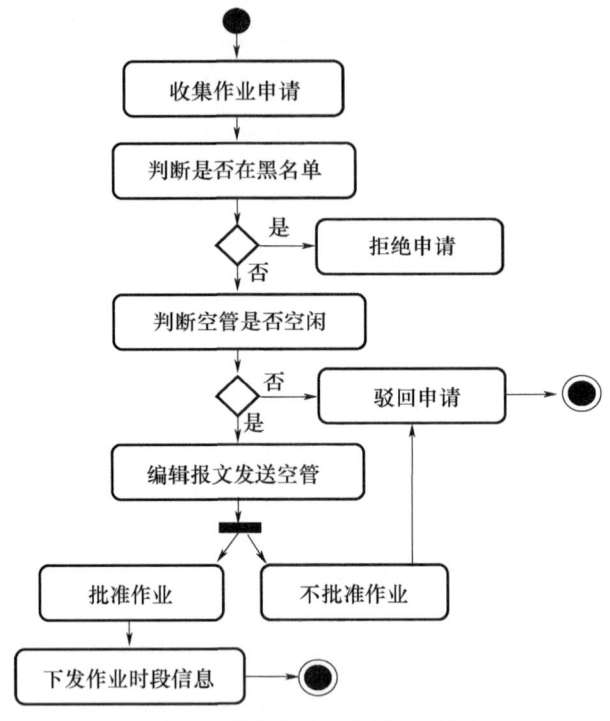

图4-5　指挥端作业调度活动图

（3）安全监控

前端设计主要考虑作业信息的智能提示。所谓智能提示就是将经过科学设计的规范作业流程嵌入作业前端系统设备，当作业炮站收到指挥中心发来的作业指令后，作业前端系统会自动进入作业流程的相应环节，并用声音和文字直观地提示作业人员进行反馈操作。作业流程完成后，相关操作信息会完整地记录在前端设备中，便于作业人员上报具体的实施数据。

（4）作业上报

为节省连续作业的时间，只要炮站确认"作业结束"，各级指挥中心便可再次为其申请作业，但每一次作业遗留下的上报工作必须在天气过程后进行回复，作业前端有炮站上报的功能，操作主要是数字和选择一些固定的选项，民兵填选妥当以后点击"作业上报"按钮，然后由市县指挥中心进行审核后入库。

4.1.3　系统部署

通过引进具有移动通信和计算机处理功能的通信产品，开发能够完成作业受令、请求、报警以及信息反馈的炮站作业前端系统,并以炮站作业前端系统为核心构建三级人工影响天气作业指挥、调度及安全监控平台,建立科学规范的业务技术体系和有效合理的作业流程,并通过研制炮站作业信息系统逐步提升全省人工影响天气作业指挥的自动化水平。

(1) 作业前端

掌握研制炮站作业前端的核心技术,确定样机具体功能和指令细节。汛期中在标准化建设相对较好的地区进行样机测试,获取关于运行稳定性和可操作性的第一手资料,并收集各方意见和建议。汛期后集中技术力量对设备软硬件进行针对性完善和改造,总结经验,提出技术升级计划。

(2) 作业指挥端

贵州省人工影响天气办公室与相关单位联合开发作业指挥端软件,源代码公开,遵循开放式宗旨,省级指挥中心和省级调度中心依托项目进行网络建设,市、县级指挥中心在贵州省气象部门广域网基础上建设。

系统部署如图 4-6 所示。

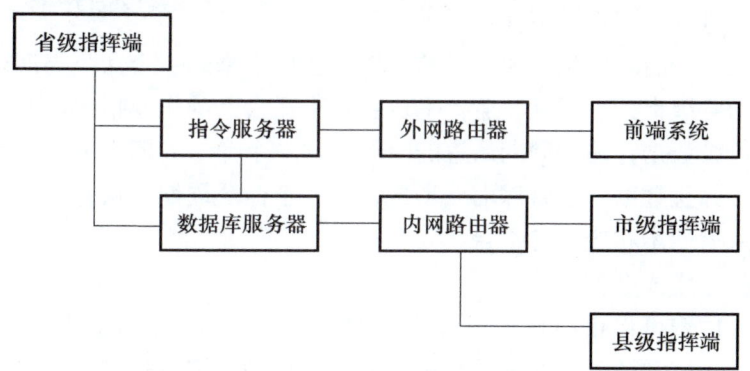

图 4-6 信息系统物理结构示意图

4.2 通信机制

4.2.1 主要内容

(1) 指挥端

省、市、县三级指挥中心使用同一套指挥端软件,根据用户权限的不同享有不同的操作功能。整个系统的最高管理员为省级指挥中心,功能又划分为指挥和调度两部分,各有一个对外的接口,指挥的接口是预警,调度的接口是空域。

对指挥端的设计主要基于计算机图形化的指挥实现。图形化的指挥方式就是在电子地图上显示作业炮站的位置及其作业状态,指挥人员可用鼠标在电子地图上采用所见即所得的方式直接完成对各炮站指挥命令的下达,如图4-7所示。

在理想情况下,命令下达以后记录在指挥端本地计算机上,中心数据库系统自动通过通信层成批收集各个指挥平台发布的命令,每一个命令周期一次。所有各级指挥、调度、监控平台每一个命令周期一次通过通信层进行数据同步操作,从中心数据库下行和该平台身份相关的命令回复。上述两个操作是同时进行的。通过上述两个操作,分布于全省各地的整个系统每一个命令周期同步一次状态,进行一次命令交换。也就是说,整套系统分布于全省各地的各级指挥、调度、

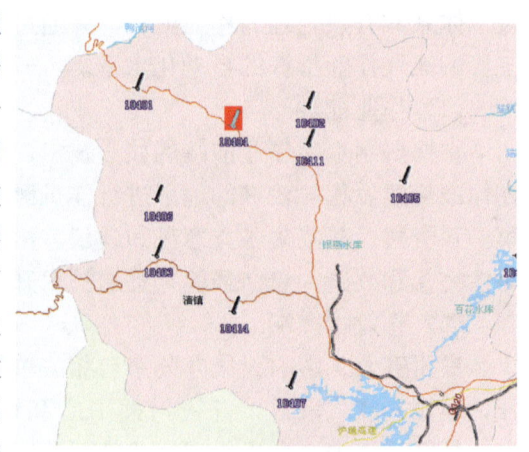

图4-7 用所见即所得的方式在地图上直接进行指挥

监控平台在初始的时候是一模一样的。然后在接下来的一个命令周期内,分布于全省各地的各级指挥、调度、监控平台各自下达自己的作业指挥、调度命令和显示当前的监控数据。命令周期结束的时候,这一个命令周期内下达的命令汇集到数据中心,并且数据中心将以前(不包含这一个命令周期)从各地收集到的命令的处理结果返回给相应的各平台。

(2) 指令生成数据

指令的内容可以由指挥人员凭借经验确定,同时更科学的做法是充分运用TWR-01型天气雷达预警系统的结果,该系统自动根据雷达回波变量、探空资料和催化剂成核率等信息,输出作业实施的相关指导信息,内容包括作业炮站名称、作业炮站编号、作业工具、作业性质、作业方位、射击角度、作业射击方式、参考用弹量、引信时间等,如图4-8所示。

名称	编号	作业装备	作业性质	作业方位	射击角度	作业射击方式	参考用弹量	引信时间
二中队	S1202	G-高炮	1-防雹	正东	80°	同心圆射击(追击)	56 - 84	12
党武	S1203	G-高炮	1-防雹	正北	80°	同心圆射击(追击)	80 - 120	12
燕楼	S1204	G-高炮	1-防雹	正北	80°	侧向扇射(侧击)	23 - 35	16
青岩	S1207	G-高炮	1-防雹	西北	65°	*侧向扇射(侧击)	20 - 31	20
久安	S1208	G-高炮	1-防雹	正南	80°	同心圆射击(侧击)	33 - 50	12
石板	S1210	G-高炮	1-防雹	西北	65°	*侧向扇射	20 - 31	20

图4-8 作业指挥数据输出结果

(3) 指令数据状态控制

指挥端系统实时在数据库中读取有关的作业信息，然后通过直观的状态方式和关系方式显示出来，同时完成基于图层控制的消息和指令操作，作业指令数据控制流程如图 4-9 所示。

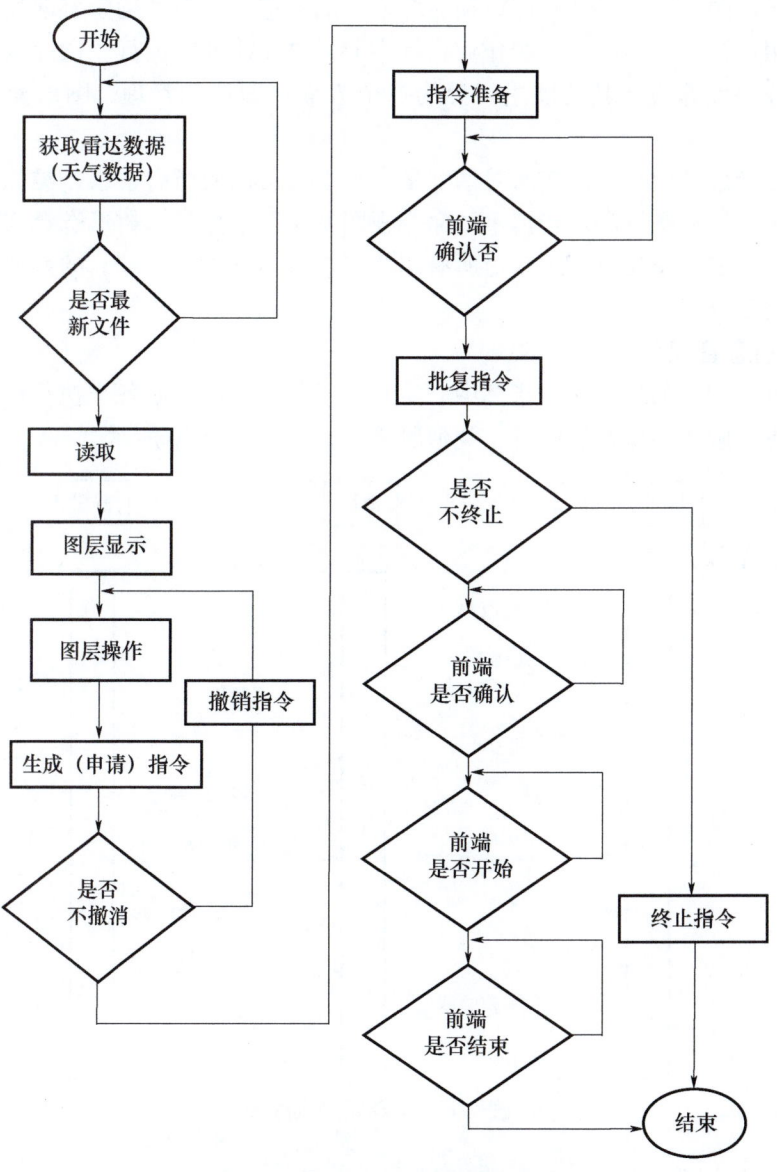

图 4-9　作业指令数据控制流程图

4.2.2 设计实现

(1) 信息交互

为了直观、明晰地在计算机显示雷达图像，需要对各要素进行标注，确定在屏幕上显示的位置，设计程序时须对屏幕上的点进行定位，确定其起始坐标。指挥端的用户为省、市、县三级作业指挥中心，在 PC 机中运行。指挥端表示下达作业任务的计算机。其功能主要分为三个方面，即消息管理、图层操作和站点管理。

消息管理是用户之间实时对话的平台，上级可面向所有下级，类似于 QQ 群聊的效果，支持查询和声音提示；命令视图基于图形操作和树形选择实现对前端的作业指令发送；站点管理是对所有用户（包括指挥端和前端）的操作权限管理和基本信息维护。

① 消息管理

消息管理是前端作业与指挥中心实时沟通以及指挥中心各个执行活动的互动平台，主要解决异域沟通问题，类似聊天工具，如图 4-10 所示。

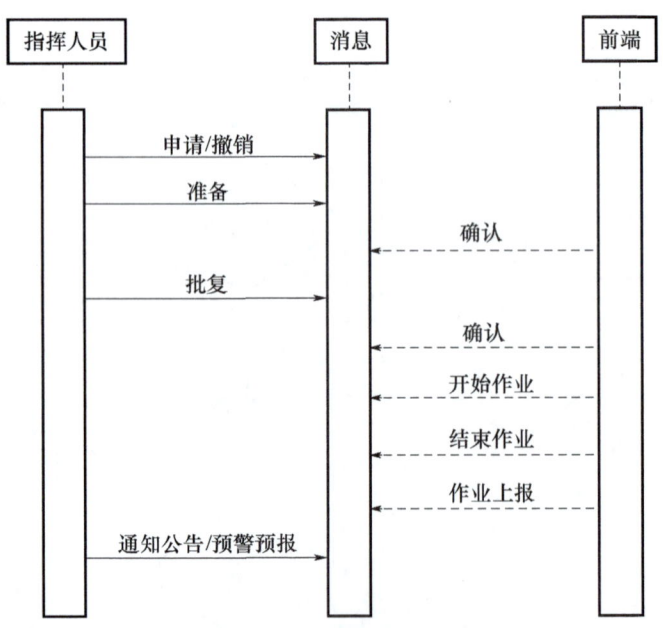

图 4-10 消息管理顺序图

② 图层操作

命令视图充分体现作业指挥端对作业流程的完全控制和对炮站的指挥和监控。涉及作业流程的命令操作包括申请、撤销、准备、批复和终止，对应作业任务表中的一次作业任务。

当某个炮站的天气条件符合预警指标的时候，指挥端通知炮站进行作业前的"准备"，并等待作业空域申请的结果，如果获得批准，则向炮站前端发送"批复"进行增雨防雹作业，同时作业前端进入时间计算，在任何一个时段，指挥端均可紧急终止炮站的作业流程。

指挥系统应用程序的核心元素是地图。

主要包括地图、表图层、图元、标注及图例、主题、工具、工作空间坐标系及投影。

③ 站点管理

站点管理是实现指挥端系统的信息维护功能。炮站前端是用户，指挥端是业务单位，而指挥端内部，省级是市级和县级的上级，市级是县级的上级，下级涉及作业流程的权限都由上级决定。

主要方法是用户通过 ID 获取上级单位，即在数据库中每一个用户都对应一 ID，用户本身不能进行身份操作，必须由所属上级业务单位进行设置，并根据用户 ID 对其所有信息进行存取，站点的数据同时显示到图层中。

（2）指令服务器设计

作业指令服务器是响应前端发起的 TCP 连接，并根据身份认证完成登录，并将之后的信息按照类别记录到数据库，由指挥端直接进行提取，是指挥端和前端实现信息交互的中间站。

指令服务器主要由三个部分组成：主界面对话框、指挥中心连接模块、前端连接模块。程序启动后先进行必要的初始化操作，然后开始对指挥中心连接端口和手机连接端口进行监听。当指挥中心连接端口监听到连接请求时，为此连接建立一个新的 Socket 并将其加入在线指挥中心列表，然后进行身份验证。此后由该新建 Socket 负责处理指挥中心的数据收发工作。

为了实现对系统的监控和维护，各项操作都建立运行管理日志，一旦出现问题，便于系统运行维护，人员及时处理和系统恢复。在系统中，数据存储模块是属于最下一级的层面，也是最重要的一个部分，它封装了所有指挥平台的数据通信、界面展示等基础功能，封装了公用的处理函数及处理过程，为其他各业务模块提供公共接口。在这种架构下的数据存储模块具有相对的独立性，除公共接口外，其内部业务逻辑的更改，不会影响指挥平台的其他部分。这不仅提高了指挥平台的代码重用度和可维护性，也使得指挥平台进行功能扩展的难度大大降低。

① 通信信息

无线通信在作业前端和指令服务器之间进行。

基础通信服务选择了 TCP 协议。

通信双方每次向对方发出的可独立存在并具有完整意义的信息块是通信的最

小单位,在 C♯ 实现中每一种此类信息块都有一个对应的 Class(类)。

这些信息块通过 Protocol Buffers 编码方式编码为字节序列后通过基础通信协议传输。

通信数据类型见表 4-1。

表 4-1　8 种 Protobuf 数据类型

数据名称	含义	说明
LoginData	登录信息,包含登录名称和密码	这 5 种被直接用作通信信息块
LoginResult	登录结果,包含登录是否成功的信息	
UcsMessage	最主要的通信信息,包含指示消息类型的信息、一段文本信息和一个对象型信息	
Confirm	用于表达前端使用者对接收到的消息的"确认"动作	
Echo	用于表达"收到",这个信息只由系统使用,参与程序级的通信过程	
TaskBase	基本的作业任务信息,包含任务的发起者和执行者、发起时间以及能够唯一标识此作业任务的 ID	这 3 种类型嵌套在 UcsMessage 类型中使用
TaskInfo	包含具体的作业信息	
TaskReport	作业报告	

② 心跳包机制

无线通信线路在一段时间没有使用后会自动中断,同时无线通信稳定性差,在正常使用中也容易发生意外中断。为了保持无线通信线路通畅以及及时发现通信线路故障,前端会向服务器发送心跳包。发送的心跳包是一个类型为 Echo 的消息,发送过程如下:程序会记录最后一次与服务器正常通信的时间,并使用一个定时器在此时间之后一个间隔的时间点进行检查,间隔目前为 15 s。如果在此间隔内发生了正常通信,重置定时器使检查延后。如果检查发生就说明在此间隔内没有和服务器发生正常通信,于是发出一个心跳包并重置定时器。如果网络出现异常中断,发出的心跳包会使得硬件得以检测到此情况并通知给软件进行相应处理。

③ 消息服务器

消息服务器通过不断进行数据库查询寻找新消息条目。当发现有新的需要发出的消息并且前端在线,就发出消息并记录相关追踪信息,接收到反馈或在消息生存期内未能成功送达,结束追踪。不处理接收方不是作业前端的消息。

当接收到前端发来的作业相关的消息时更新相应的数据库记录。

④ 通信过程

对于每个 UcsMessage 信息和 Confirm 信息,接收方在收到后都返回一个 Echo 信息进行确认,发出方如果在一定时间内没有收到对应的 Echo 信息,就认为消息未能成功送达，进行重发或放弃。服务器有相关设置可以调整此超时时间和最大可重发时间（消息生存时间），前端始终进行重发，除非发生严重故障。

对于需要前端用户进行确认的消息，在确认后发出对应的 Confirm 信息。重复的 Confirm 信息和 Echo 信息将被忽略。重复的 UcsMessage 信息不会被忽略，但不应对系统正常运行造成影响。

LoginData 信息和 LoginResult 信息只在建立连接时使用。后者即为对前者的反馈，所以不需要对 LoginData 信息返回 Echo 信息。如果前端未接收到 LoginResult 信息，除非结果是登录失败连接将中断，否则前端将再次尝试发出登录信息，所以也不需要进行 Echo 信息回应。

通信过程顺序如图 4-11 所示。

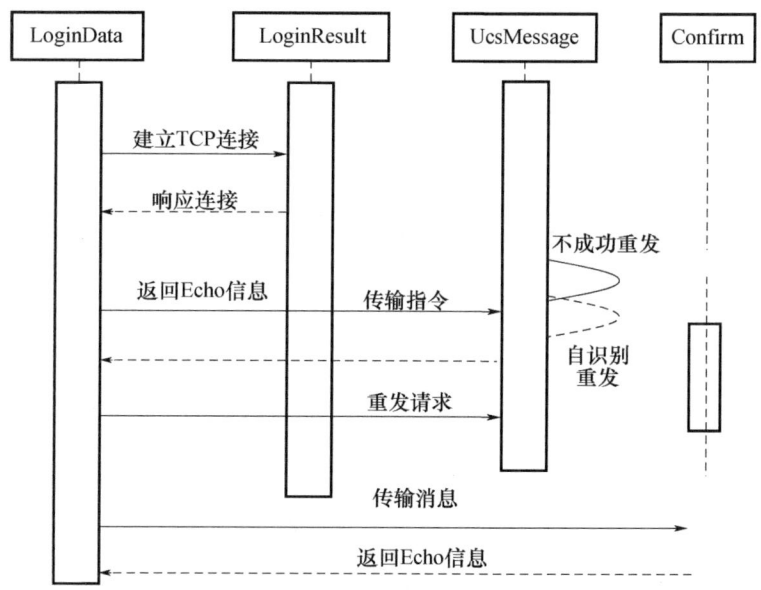

图 4-11　通信过程顺序图

⑤ 登录

程序首先根据指令包中的校验码检查此包是否正确无误。

服务器使用固定 IP 地址和端口对外公开服务，前端使用已事先得知的服务器地址尝试连接。

成功建立 TCP 连接后，前端发出 LoginData 消息。

服务器进行验证后返回 LoginResult 信息，如果验证失败就断开连接，如果验证成功就设置在线状态为"在线"并开始正常的消息通信。如果服务器在一定时间内没能从已建立的 TCP 连接接收到登录信息将断开连接。

如果接收到的登录信息与某个已经建立的连接相同，则校验响应内容是否正确，并决定是断开连接还是向其发送登录成功确认，新连接将取代旧连接。

登录过程顺序如图 4-12 所示。

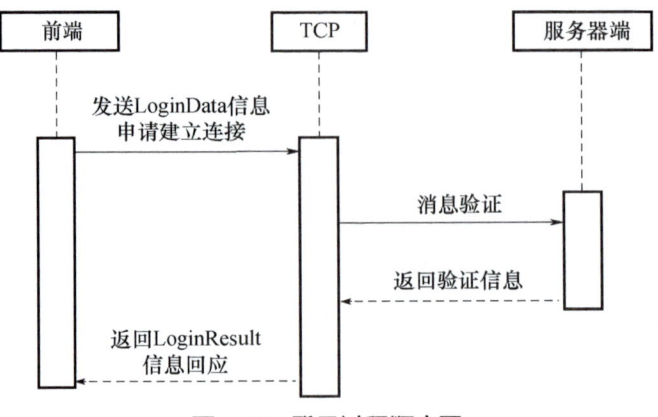

图 4-12　登录过程顺序图

第5章 炮站作业通信终端

5.1 主要内容

目前,贵州全省常年实施人工影响天气作业的高炮达450余门,火箭发射装置210多套。长期以来,人工影响天气作业炮站存在如下技术问题。

(1) 作业调度重在上下联动,第一时间要获得空域批复信息,但传统通信主要依托无线电台、电话作为信息传输的工具,具有独占和单一的局限,随着空中交通的拥挤程度不断提高,空域管制部门每次批准的作业时间越来越短,这一情况对信息传输的及时性提出了更高的要求,需要建设作业指挥专用通信网络。

(2) 作业实施重在监督指挥,指挥中心要全面了解作业实施的过程,但传统指挥模式下炮站作业实施过程与指挥中心完全隔离,指挥中心很难掌握作业实施现场的有关情况,需要建设作业过程实景监控系统。

(3) 作业安全重在弹药管理,每一发炮弹在哪里需要准确无误,传统管理精细度差,与不断发展的人工影响天气工作越来越不相适应,必须全面推进弹药的安全化、精细化管理,建设作业弹药跟踪管理系统。

在此背景下,贵州省人工影响天气办公室(简称人影办)通过实施作业炮站信息化技术集成应用,以作业过程实景监控系统、作业指挥专用通信系统、作业弹药跟踪管理系统为抓手,全面做好人工影响天气信息网络资源的整合和集成,不断丰富炮站信息化的科技含量和业务内涵,更加突出炮站作为人工影响天气防灾减灾重要基础,进而完善省、市、县、炮站四级人工影响天气业务体系,使之成为全国人工影响天气业务现代化建设的典范。

5.2 作业过程实景监控

为进一步加强全省人工影响天气安全监管,贵州省人影办通过两期建设,完成304套农业示范园区炮站监控系统建设,并对其中264个炮站接入互联网6 M光纤,实现对炮站实景的全天候监控,完整记录炮站录像信息,便于事后追溯,提高炮站安全防范等级，同时加强对作业人员和弹药装备的安全管理。

（1）总体结构

按照省、市（州）、炮站三级构建全省农业示范园区炮站监控系统，包括省级监控平台1套、市（州）级监控平台9套、炮站前端监控304套。农业示范园区监控系统总体结构如图5-1所示，网络部署如图5-2所示。

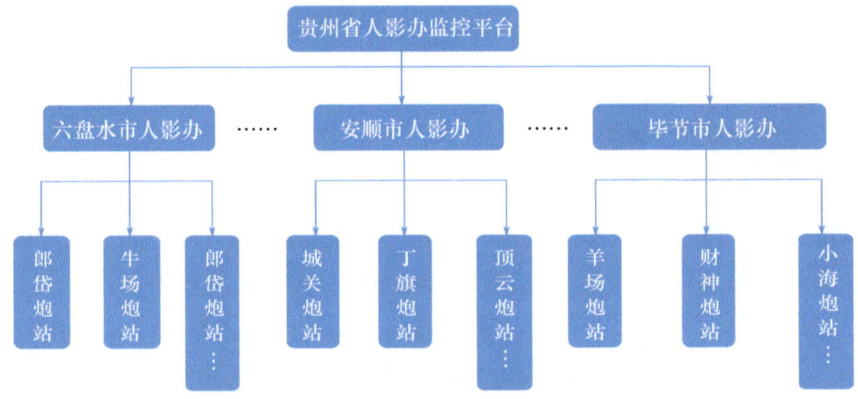

图5-1 农业示范园区监控系统总体结构图

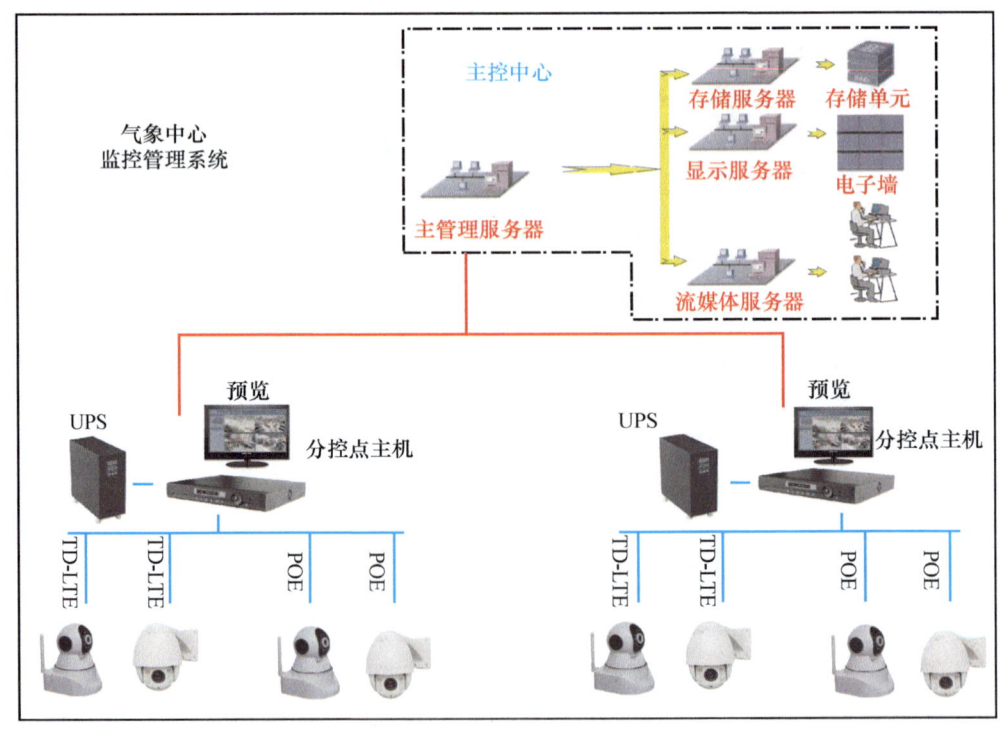

图5-2 农业示范园区监控系统网络部署图

（2）炮站部署

每个炮站的建设内容如下。

炮站全景：在制高点立杆安装红外智能球形摄像机（监控球机，如图 5-3 所示），实现对整个炮站的全景轮巡监控，设备为 300 万像素，图像清晰，最大支持 2048×1536@30fps 实时画面输出。

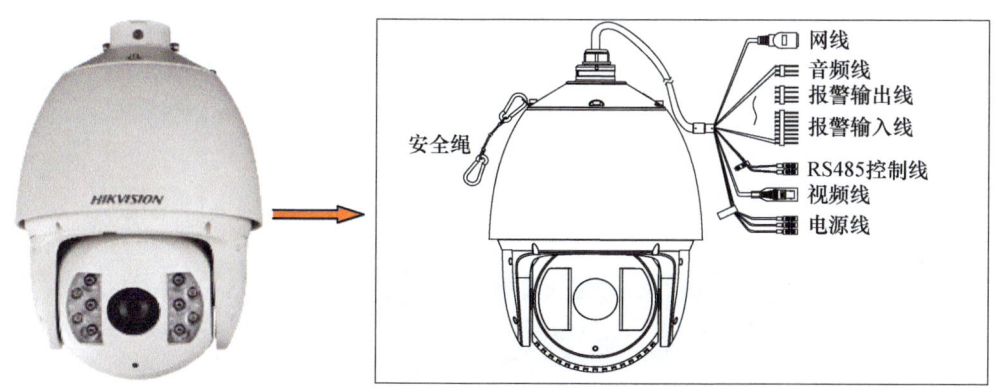

图 5-3　监控球机示意图

弹药库：利用高清红外筒形摄像机（监控枪机，如图 5-4 所示），实现弹药库的固定监控，设备为 130 万像素，最高分辨率达 1280×960@30fps。

炮台：利用高清红外筒形摄像机，实现炮台的固定监控。

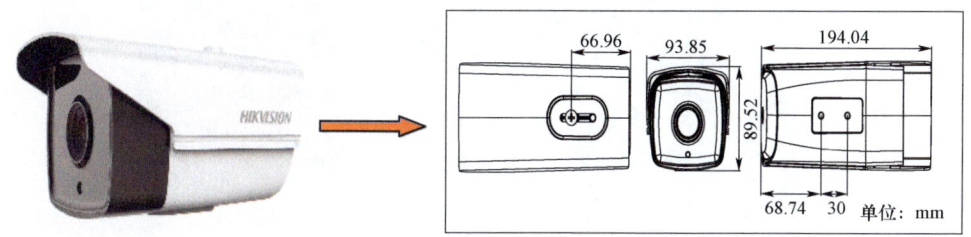

图 5-4　监控枪机示意图

硬盘录像机：汇集 3 个摄像头的图像进行实时存储，并支持指挥中心和本地的调取，如图 5-5 所示。

（3）省、市（州）部署

省、市（州）的建设内容如下。

视频管理服务器：在省和市（州）机房安装服务器（图 5-6），实现对各炮站视频图像的远程获取和集中管理。

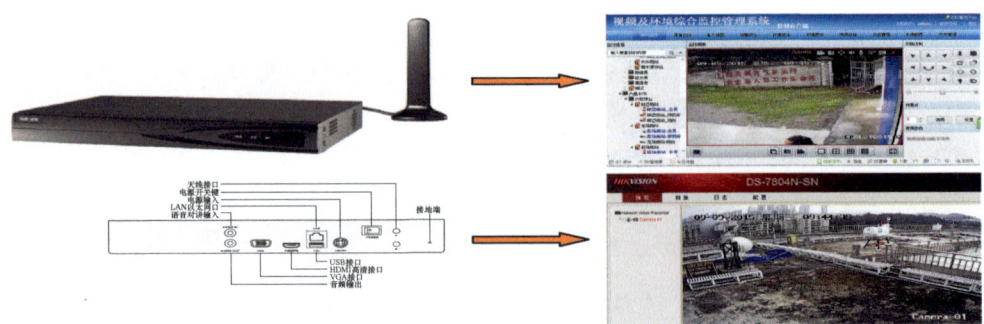

图 5-5　监控硬盘录像机示意图

图 5-6　监控视频管理服务器示意图

监控软件：通过网页实时调取炮站监控图像，专为本项目定制开发，采用模块化设计，操作简便。监控网络平台登录界面如图 5-7 所示。

图 5-7　监控网络平台登录界面示意图

打开指定网页，输入登录账号与密码，进入实时监控画面（图 5-8）。

图 5-8　监控网络平台功能界面示意图

进入到监控界面后左上角出现树状区域监控分布（图 5-9）。

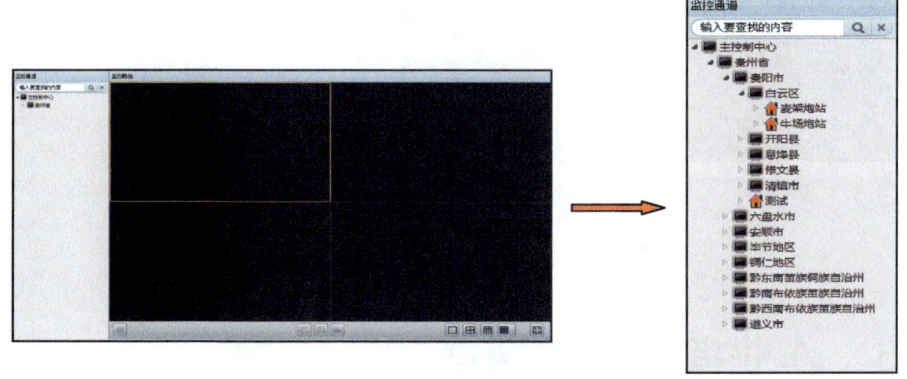

图 5-9　监控网络平台树状选择示意图

可根据地域实时查询监控画面，还可根据需要选择单画面、4 画面、9 画面、16 画面以及 24 画面，并可同时查询多个地区的监控画面（图 5-10）。

可以调节球机摄像头的角度查看，可让摄像头 360 度旋转（图 5-11）。

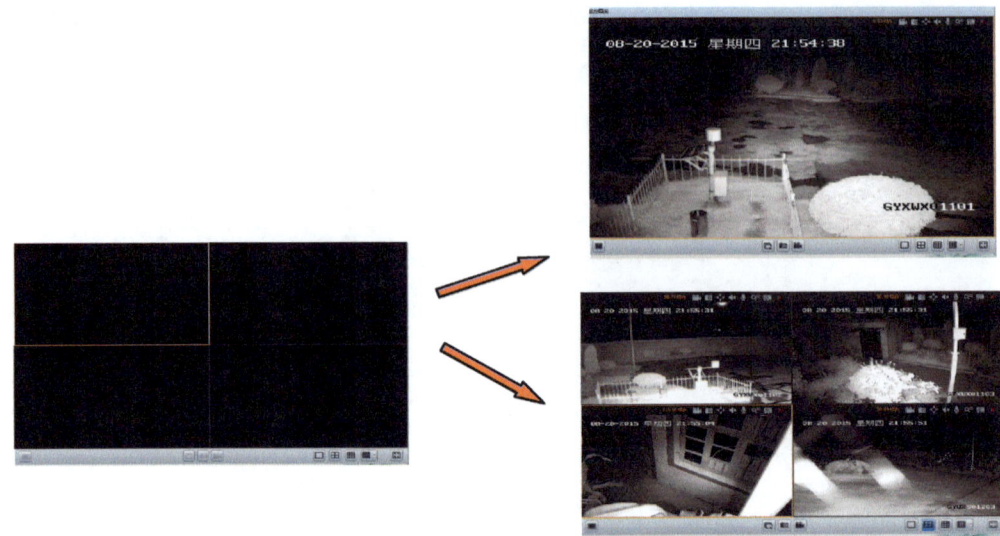

图 5-10　监控网络平台多画面显示示意图

图 5-11　监控网络平台球机控制示意图

5.3　作业指挥专用通信

通过构建基于互联网的作业炮站集群对讲通信网络，实现省、市（州）、县、炮站之间的群组管理和智能通信，减少以往在各级指挥中心之间联系过程中的时间消耗，切实提高工作效率，使人工影响天气作业指挥更加灵活、便捷。

（1）系统结构

根据全省作业指挥调度的业务需求，将系统平台部署在贵州省联通公司的IDC机房云平台上，在省人影办部署一套总的调度台，其他市（州）、县分别部署一套分调度台,通过联通网络实现与系统互联,从而实现上下级各类信息的互联互通,上传下达,形成一个有机的通信整体。在灾害天气来临时,可通过集群调度的方式快速下达作业指令,确保各炮站及时、有效地进行人工影响天气作业。

系统利用基于信息化终端先进的综合通信技术及传感应用技术,既满足对应急通信无线指挥系统使用需求,又实现了省人影办与下属市(州)、县及炮站的集群调度管理。系统调度台在联通网内通信和工作调度时对所管理的终端用户具有高度的控制权限,通信具有高度的保密性,而且通信不会产生干扰和失密。使用指挥调度系统进行指挥调度,呼叫接续快,群组成员数量可达几千上万,可按组划分的一呼百应、一按即通、移动化视频监控,内部联络沟通更便捷。

系统结构如图 5-12 所示。

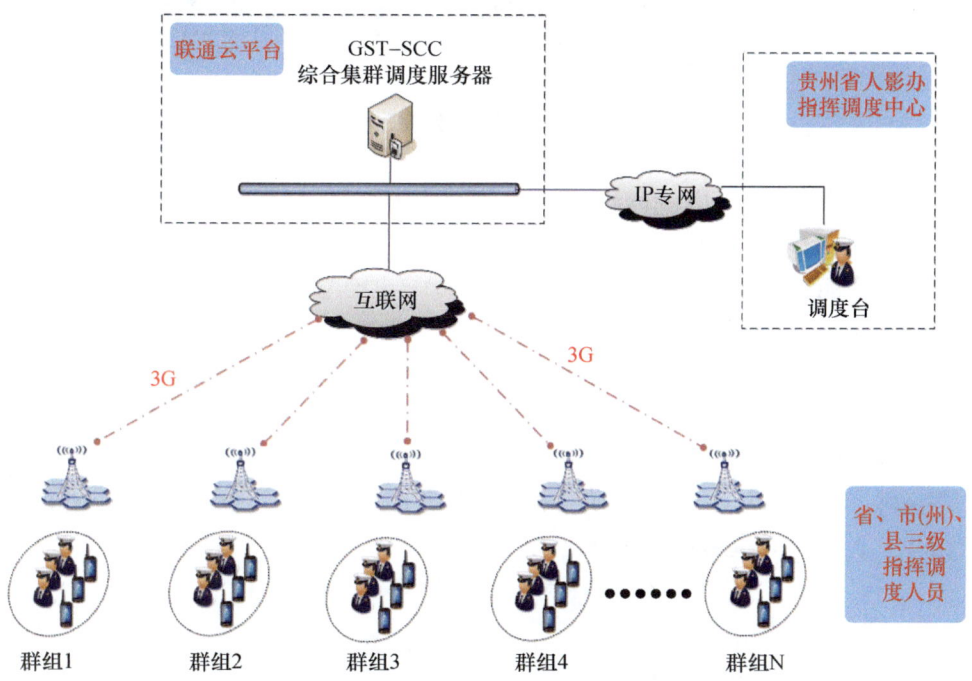

图 5-12　作业炮站集群对讲专用通信网络结构示意图

(2)主要功能

系统分为手机端和 PC 端。手机端运行安卓客户端程序,手机与手机之间、手机与调度台之间可进行语音、文字调度。PC 端运行调度台,调度台采用 B/S 架构开发,通过 WEB 方式工作,PC 端仅需要安装 IE 浏览器,上网就可以使用调度台。

① 手机端（图5-13）

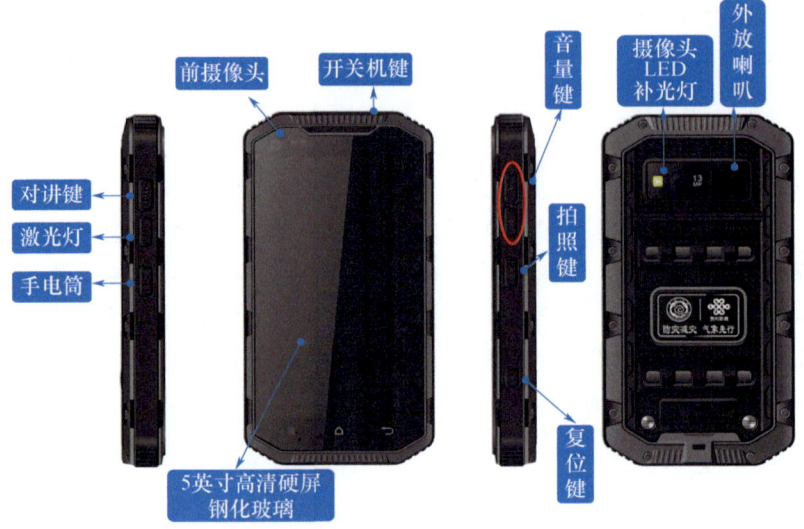

图5-13　手机端实物图

主要技术参数：CPU 四核 1.3 G、支持 WIFI/3G 网络模式下的综合集群调度应用、支持 GSM/WCDMA 双卡双待、大功率外放喇叭、双 PTT 按键、具备卫星定位功能、三防、大容量电池（3000 mAh 电池）、安卓操作系统。

终端对讲类型包括单呼、组呼、跨组呼、全部呼叫、临时组呼叫五种类型。用户可同时属于多个组，可自建临时组，任意邀请临时组组员。可灵活设置用户对讲优先级，高优先级用户可抢呼、打断、插话。整个操作过程实现与普通对讲 PTT 一样的使用方式和便捷性。

单呼：调度中心指挥员可以对每一人员进行单独呼叫对讲，终端用户可以对本组任一人员进行单独呼叫对讲（图5-14）。

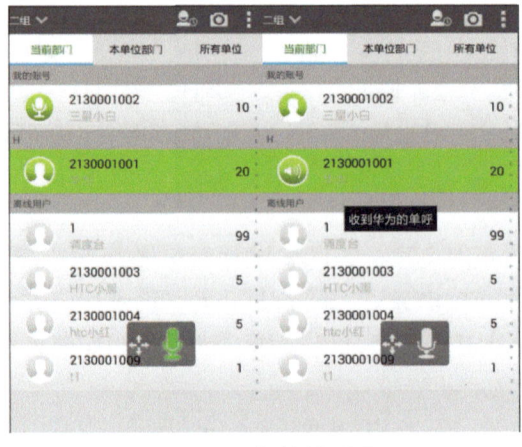

图5-14　手机端单呼界面

组呼：调度中心指挥员可以对每组人员进行组呼对讲，终端用户可以对本组所有人员进行组呼对讲（图 5-15）。

图 5-15　手机端组呼界面

跨组呼：终端用户可以临时加入其他部门组或其他单位组，对该组某一用户进行单独呼叫或对全组用户进行集体呼叫。

全部呼叫：上级单位用户可对下级所有单位、所有部门用户进行全部呼叫。

临时组呼叫：调度中心指挥员可任意选择用户，被选用户组成临时组，指挥员可对该临时组用户发起组呼、单呼。

② PC 端

各级指挥中心通过登录网页界面，即可实现由上至下的分级、分层、统一的集群对讲功能应用。PC 端调度界面交互性强，可以直观知道哪些终端在线，实现可视化调度，便于上下级联动时，高效快捷地进行调度指挥，如图 5-16 所示。

图 5-16　PC 端调度台界面

呼叫终端：指挥员可通过调度台对在地图上所呈现的手机用户进行框选，一旦选择后可对被选的手机进行"临时组"式组呼；点选某一个手机用户，即可实现单呼。

即时通信：终端之间、调度台与终端之间可通过即时通信功能互相发送文字信息、拍照图片、视频文件、语音留言、word 文档等各类型文件。各类信息可单独发给指定用户，也可同时向全组用户发送，其他用户也可在全组内回复该信息。通过调度台可查询本单位所有消息记录。即时通信界面如图 5-17 所示。

图 5-17　手机与调度台即时通信界面

集群调度：省、市（州）、县的调度台可监控各群组内各成员的在线状态、通话状态。可监听、拆除、强插某组或某一通话信道，以及支持预设监听某组或某人的通话信道。调度台可根据实际情况需要随时遥毙某一部手持终端，被遥毙后的手持终端既不能说也不能听，并可随时恢复被遥毙手持终端的正常功能。

人员定位：集群调度系统结合终端自身 GPS 定位以及运营商提供的 LBS 系统接口，即可实现基于 GPS/LBS 方式及精度，自动记录人员的轨迹路线；并在调度台电子地图上显示本地人员分布情况，实现远程人员位置可视化，每个终端均有一个"图标＋名字＋编号"的显示。并可查询指定用户运动轨迹，做到定位信息可追溯。

信息查询：智能终端之间以及终端与调度台之间的历史数据都可以进行查询，包括通话录音查询及回放，监控视频记录的查询回放以及定位信息的查询和轨迹回放。

③ 安全保障

对讲优先：系统中有"对讲优先"设置功能，通过开启该功能，可以确保在任何状态下实现对讲优先功能。一旦终端选定了对讲优先功能，正在通话或是外界打进的电话会被系统自动挂断，确保了对讲的优先性。此功能保证在执行任务过程中，不被外界因素干扰，可以第一时间收听对方通话内容。

自动销毁：系统提供机卡分离自毁和远程销毁两种安全措施。每个用户的手持终端与手机 SIM 卡绑定，系统自动定期检测手持终端与 SIM 卡绑定是否正确，绑定错误时系统自动禁用系统终端软件并删除终端存储的相关资料信息。恢复绑定时可重新启用系统终端软件。通过调度台可远程销毁指定终端的系统终端软件，调度台可随时向指定终端发送远程销毁指令，被销毁终端自动删除系统终端软件所保存的相关资料信息，并禁用系统终端软件，确保信息安全不外泄。

5.4　作业弹药跟踪管理

按照中国气象局《人工影响天气业务现代化建设三年行动计划》的要求，贵州作为全国人工影响天气弹药物联网管理系统建设试点省份，通过构建集自动化作业装备、数字化采集装置、规范化弹药编码、智能化扫码终端和集约化信息平台于一体的人雨弹火箭弹物联网管理系统，对省、市、县、炮站四级人工影响天气弹药的存储、运输、流转、使用等环节进行全生命周期跟踪监控，并与中国气象局相关管理系统进行实时对接，着力提升人工影响天气安全监管能力和业务技术水平。

（1）总体架构

为解决弹药信息和作业信息的实时采集和统一监管问题，引入二维码和 RFID 射频识别技术，对弹药生产、仓储、运输、作业的全过程进行物联网智能跟踪管理。炮站配备手持扫码终端和库房感应器，手持扫码终端通过激光、红外线的方式对弹药二维码进行自动识别，通过 GPRS 方式将扫描数据向中心传送，中心软件对扫描内容进行解析后作出相应处理，库房感应器通过信号感应的方式对弹药箱的 RFID 进行实时自动扫描识别，通过特殊的计算方式对弹药的出入库进行自动识别，当在出入过程中发现弹药数量与弹药库数量不符时，将在中心平台进行展示告警，并可以多种方式进行信息发送。总体结构如图 5-18 所示。

全省以物联网技术为基础构建 B/S 架构弹药信息管理系统，在前端按弹药存储、弹药运输、弹药使用（报废）三个环节进行管理，在中心建立以 GIS 为展示平台的弹药监管界面，提供弹药数量、位置、流转的信息展示，并根据配置对弹药信息进行告警。中心平台具有基本的查询、统计、审核、导出等功能，还可无缝接入国家级人工影响天气作业装备弹药全程监控系统。

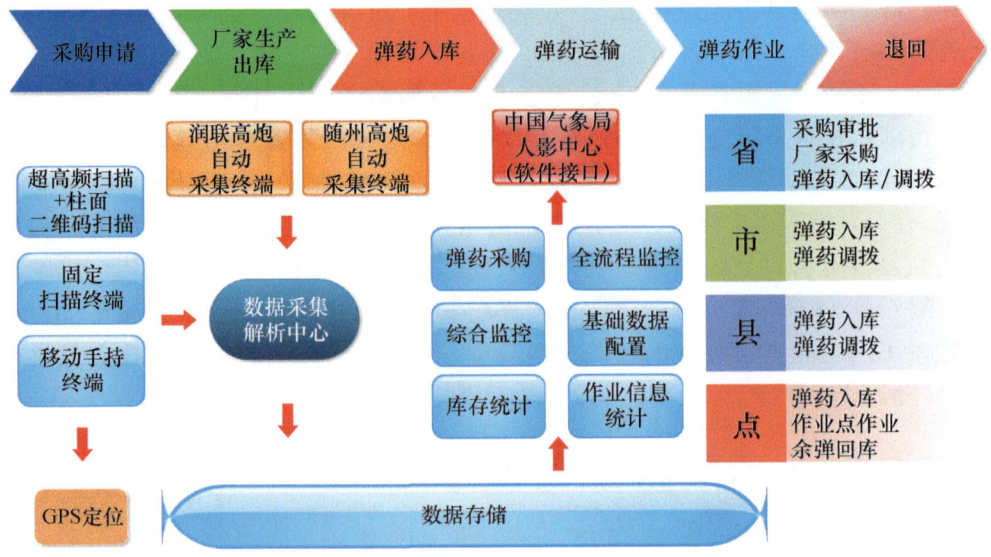

图 5-18　贵州省人工影响天气炮站作业弹药跟踪管理系统结构示意图

(2) 硬件设备

① 弹药标识

《人工影响天气作业装备与弹药标识编码技术规范》规定：在人雨弹的火药筒用激光镌刻二维码，在包装筒上贴条形码，作为每发弹药的唯一身份，如图 5-19 所示；在弹药箱的外部贴二维码、内部贴无源 RFID 标签作为每箱弹药的管理标识；在火箭弹外部贴无源 RFID 标签作为每发火箭弹的唯一身份（图 5-20），对弹药的全生命周期进行监管。

图 5-19　人雨弹火药桶上激光镌刻二维码和包装桶上条形码

图 5-20 火箭弹贴无源 RFID 标签

② 扫描设备

手持信息采集终端（图 5-21）通过激光、红外线的方式对弹药、弹药箱的二维码和 RFID 进行自动识别，然后通过 GPRS 方式将扫描数据向中心传送，中心软件对扫描内容解析后进行相应处理。在完成出入库后，弹药出入库信息自动上传到物联网管理数据库中，实现对弹药存储和出入库情况的实时监控。

③ 作业装备

威宁县所有作业高炮均实施自动化改造，自动化高炮由 37 mm 高炮加装专门研制的仰角自动采集终端、方位角自动采集终端和用弹量自动采集终端改造而来。在作业过程中，自动化高炮与物联网系统进行衔接，进行 GPRS 通信传输，实现时间、方位角、仰角和用弹量等作业参数的实时采集、存储、显示和上报。

图 5-21 手持信息采集终端

同时配备新型自动化火箭，并与高等院校、生产厂家进行合作，通过研发具有自主知识产权的技术，以自动化操作平台的方式将高炮、火箭进行集成，与本地雷达实现信息对接。

威宁县雷达远程指挥操作控制系统结构如图 5-22 所示。

炮站操作控制台收到作业参数后自动进行解析，将信息发送给自动化高炮和自动化火箭，高炮、火箭立即启动方位和仰角的自动定位，到达参数设置值时返回定位成功命令，此时指挥人员和作业人员均可看到相应的指示。此时，指挥人员下达发射命令，作业人员按下点火按键，高炮、火箭自动进行发射。图 5-23

所示为威宁县作业炮站自动化高炮火箭室内操作控制台。

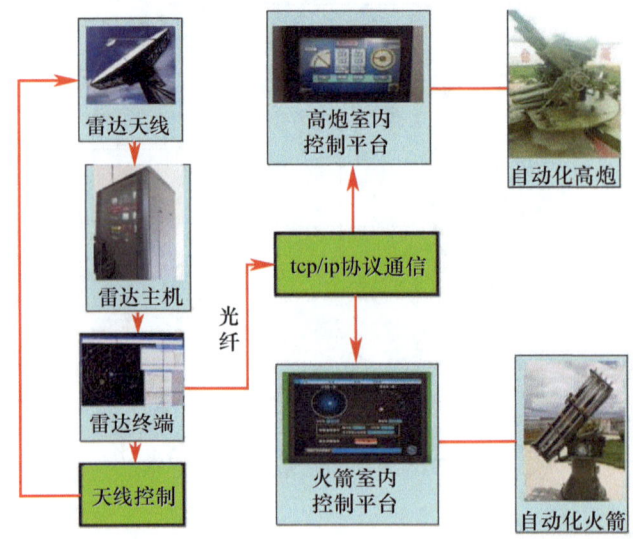

图 5-22　威宁县雷达远程指挥操作控制系统结构图

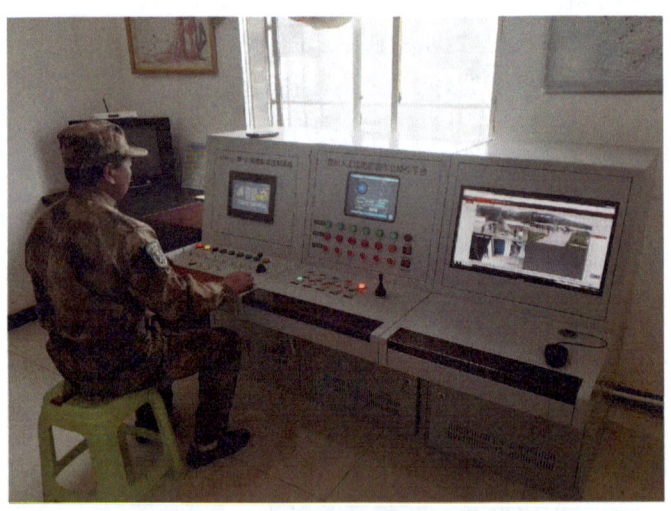

图 5-23　威宁县作业炮站自动化高炮火箭室内操作控制台

（3）基础设施

贵州省人工影响天气办公室制定地方标准《人工影响天气作业炮站建设规范》，所有作业炮站均按照"两室两库一平台"的要求完成标准化建设，同时接入有线通信光纤，安装实景监控系统，推广集群对讲终端，配备弹药安全存储柜，实现弹药物联网管理。图 5-24 和图 5-25 所示为贵州省标准化作业炮站及其设施、设备。

第5章　炮站作业通信终端

炮站全貌

值班室

民兵卧室

内勤

图 5-24　标准化作业炮站

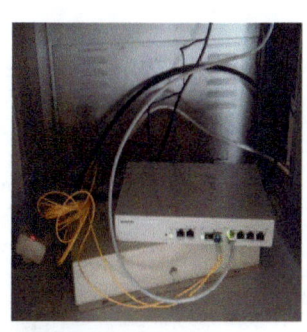

图 5-25　作业炮站现代化设施、设备

（4）跟踪监管

在作业实施过程中，县级人影办通过实景监控系统和物联网系统持续跟踪监控炮站作业情况，并利用智能信息终端的无线对讲功能与炮站保持实时通话联系，指导炮站安全、科学开展作业。图5-26为威宁县人影办指挥人员与炮站作业人员进行通信联系。

图 5-26　威宁县人影办指挥人员与炮站作业人员进行通信联系

（5）安全监管

在中心建立 SOCKET 服务器，通过映射制定端口与前端物联网建立连接，对连接的设备进行身份验证以避免其他设备的接入，确保弹药信息物联网的保密性。图 5-27 所示为系统安全认证体系。

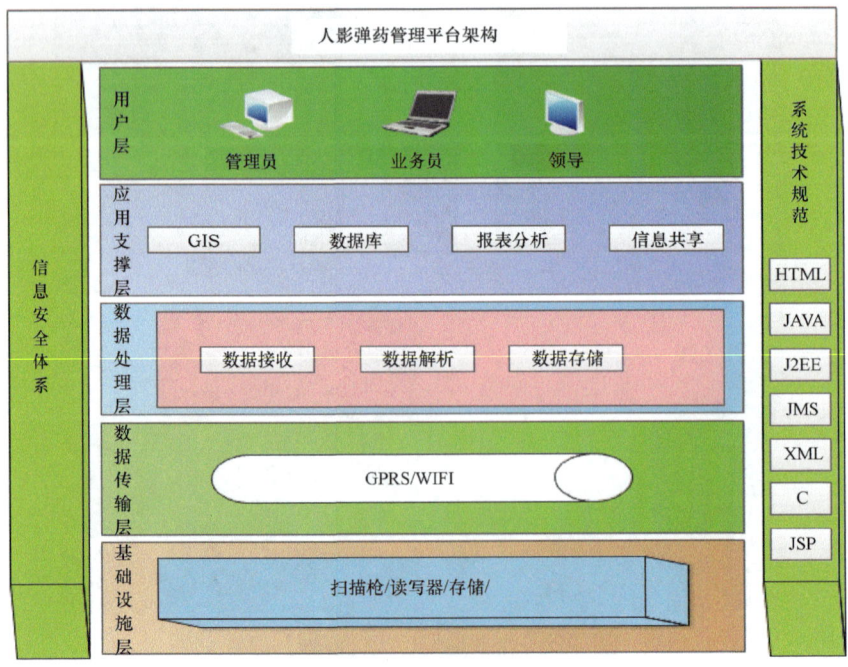

图 5-27　系统安全认证体系图

第5章 炮站作业通信终端

（6）GIS 展示

以 GIS 为展示平台的弹药监管界面，提供弹药数量、位置、流转的信息展示，并可根据配置对弹药信息进行告警。图 5-28 为弹药物联网状态显示界面。

图 5-28　弹药物联网状态显示界面

（7）过程追溯

弹药收货、运输、仓储、调拨、使用、剩余弹、废弃弹等多个环节闭合流程监控，实现对每一枚弹药，某一批次、某一箱弹药流程追踪，从到省级入库开始的每一次流转时间、流转方式、操作人员、到作业点的情况、使用时间、人员信息等全生命周期管理。图 5-29 为弹药物联网流转追溯界面。

图 5-29　弹药物联网流转追溯界面

(8) 工作流程

完整的人雨弹火箭弹物联网管理包括弹药采购、弹药生产、出厂验收、弹药转运、弹药仓储及作业等环节的全生命周期的监控与管理，跟踪工作流程如图 5-30 所示。

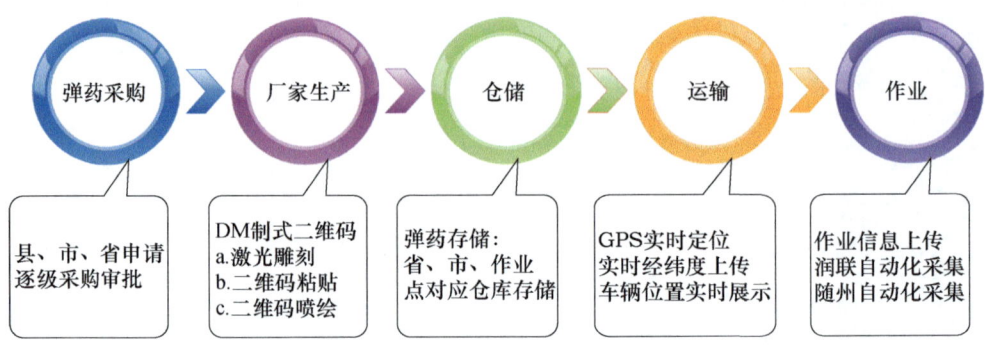

图 5-30　弹药物联网跟踪工作流程图

第 6 章　小　　结

6.1　主要成果

本项目借鉴国内外冰雹防控研究技术成果和经验，集成贵州的技术优势和研究成果，推进人工影响天气作业向智能化、科学化、集约化发展，并成为全国示范。

（1）关键技术

一是作业云系潜力识别研究，建立了贵州人影作业定量化监测指标，形成了科学、系统的作业潜力区识别方法。

二是雷达资料处理技术研究，实现了贵州多部雷达的高效三维拼图，并通过 GIS 进行场景展现和系统实现。

三是人影作业指挥系统开发，建立了人工防雹增雨作业参数计算模型，并通过信息化技术手段进行实时发布。

（2）科技成果

贵州省气象局组织有关专家对贵州省人工影响天气办公室完成的"复杂山地冰雹监测预警及防控关键技术集成与示范"进行科技成果认定，认为在人工防雹作业条件研究方面取得了重要突破，在国内率先构建了复杂山地人工防雹的核心技术体系，创建了贵州特色的"大雷达预警、小雷达指挥"的防雹指挥模式（"威宁模式"），构建了省、市、县、炮站四级集约化、一体化、智能化的防雹指挥业务平台及业务流程，在国内率先建立了复杂山地人工防雹的核心业务技术体系，建成多元化人工防雹作业体系，系统结构合理、功能先进、操作简便，极大提高了贵州人工防雹的科学化作业水平。专家一致认为成果达到国内领先水平。

（3）推广应用

项目以作业炮站信息化、作业装备自动化、作业指挥科学化为宗旨，提高基层人工影响天气作业指挥能力，在业务实践中取得了良好的效益，中国气象局应急减灾与公共服务司明确肯定：贵州基层人工影响天气模式践行了新时期人工影响天气高质量发展的基本理念，体现了人工影响天气现代实时业务的全面要求，取得了人工影响天气服务乡村振兴的良好效益，具有较好的示范推广价值。

（4）经济社会效益

项目研究对提升基层人工影响天气作业指挥能力和科技含量发挥了重要作用。以烟草的冰雹防控效益为例，全省 58 个烟区县布设 326 门高炮、135 具火箭，保护烤烟 187.5 万亩。相比项目研究前，防区内减少灾害损失 13%，每年创造直接经济效益 0.73 亿元。

6.2 未来发展

炮站信息化建设为项目实施创造了坚实基础，同时项目研究又为炮站信息化赋予新的科技内涵，以作业过程实景监控系统、作业指挥专用通信系统、作业弹药跟踪管理系统为抓手，全面做好人工影响天气信息网络资源的整合和集成，不断推进作业炮站信息化技术集成应用，对于提高作业科技含量、强化作业安全监管、提高空域申请效率都具有重要意义，可以更加突出炮站作为人工影响天气防灾减灾重要基础的作用和效益，是未来人工影响天气信息化发展的必然方向。

（1）基于三维 GIS 的作业参数自动化测算方法研制完成，并初步构建起市、县人工影响天气作业指挥平台架构，但对雷达产品的深度释用和人工影响天气相关算法的融合方面还需进一步完善。

（2）围绕《人工影响天气业务现代化建设三年行动计划》的五段式的实时业务主要流程已经形成，但各模块功能还不够精细，需通过不断的试用和修改进行完善。

（3）进一步提高平台的开放性、兼容性和稳定性，满足市、县、炮站不断更新的用户个性化需求，实现与作业空域申报系统、物联网管理系统的有机衔接。

目前，系统在贵州全省各级人工影响天气部门和作业炮站进行技术推广应用，取得了良好的效果。在今后的工作中，贵州省人工影响天气办公室还将继续加大投入力度，加强系统管理维护，完善业务运行机制，切实发挥系统效益，不断丰富炮站信息化的科技含量和业务内涵，不断挖掘炮站信息化建设技术潜力，不断拓展人工影响天气信息化建设服务领域，在作业预警、灾情收集和应急服务方面发挥更加重要的作用，使之成为全国人工影响天气业务现代化建设的典范。

参考文献

[1] 胡志晋，王广河，王雨增. 人工影响天气工程系统[J]. 中国工程科学，2000，2(7)：87-91.

[2] 张萍. 人工增雨防雹作业通信信号质量分析[J]. 贵州气象，2009，33(5)，34-35.

[3] 张清，何金伟，魏旭辉. 人工影响天气作业决策指挥系统解决方案[J]. 安徽农业科学，2009，37(15)：7301-7302.

[4] 丁岳强，赵新兵，唐林，等. 基于PDA的GPS车载终端的设计与实现[C]//中国气象学会人工影响天气委员会，中国气象科学研究院，中国气象局人工影响天气中心，等. 第十五届全国云降水与人工影响天气科学会议论文集Ⅱ. 北京：气象出版社，2008：1097-1099.

[5] 张瑞波. 广西人影作业指挥手机短信发送平台的研制[J]. 广西气象，2006，27(2)：35-36.

[6] 张瑞波. 广西人工影响天气火箭、高炮实时作业指挥系统[J]. 广西气象，2005，26(4)：38-39.

[7] 陈怀亮，邹春辉，周毓荃. 人影决策指挥地理信息平台的建立和应用[J]. 南京气象学院学报，2002，25(2)：265-270.

[8] 周毓荃，张存. 河南省新一代人工影响天气业务技术系统的设计、开发和应用[J]. 应用气象学报，2001，12(增刊)：173-184.

[9] 黄亚博，刘超，朱琳，等. Oracle RAC双通道在气象数据库中的应用研究[J]. 计算机技术与发展，2013，23(7)：249-252.

[10] 储久良，吴许俊，张晓群，等. 基于Cacti的校园网络气象图技术的研究与实现[J]. 计算机技术与发展，2010，20(4)：199-202.

[11] 刘军，郑良璋. SQL Server气象资料数据库的安全管理[J]. 计算机技术与发展，2006，16(2)：215-219.

[12] 马官起，王洪恩，王金民，等. 人工影响天气三七高炮实用教材[M]. 北京：气象出版社，2005：107-108.

[13] 中国气象局科技发展司. 人工影响天气岗位培训教材[M]. 北京：气象出版社，2003：240-268.

[14] 樊昌元，伍妍洁. 气象数字化炮射作业系统设计[J]. 电子测量与仪器学报，2006(增刊)：334-336.

[15] 张莉，王强，赵文昉，等. SQL Server数据库原理及应用教程[M]. 北京：清华大学出版社，2003：2-3.

[16] 刁成嘉. UML 系统建模与分析设计[M]. 北京：机械工业出版社，2007：31-32.

[17] 李胜乐，陆远忠，车时. MapInfo 地理信息系统二次开发实例[M]. 北京：电子工业出版社，2004：101-102.

[18] 总参气象局. 多普勒天气雷达资料分析与应用[M]. 北京：解放军出版社，2000：19-20.

[19] 樊昌元，母夏宇，李东，等. 气象炮射作业前端装置设计[J]. 电子测量与仪器学报，2007(增刊)：690-693.

[20] 李东，郭维波，樊昌元，等. 气象炮射检测系统设计[J]. 微计算机信息，2009，25(23)：10-11.

[21] 邹书平，常履福，谢明. 图形方式下屏幕显示信息的点坐标定位方法[J]. 贵州气象，2000(2)：25-27.

[22] 高超. 人工影响天气指挥系统设计与实现[D]. 南京：南京信息工程大学. 2008.

[23] 邹书平. 基于 VB 通信控制技术的气象决策短信服务[J]. 气象科技，2006，34(4)：482-484.

[24] 徐兵兵. 人工影响天气作业数字化通信指挥平台[D]. 济南：山东大学，2007.

[25] 张芳钧，刘国强，张萍. 人工影响天气作业指挥调度及安全监控系统[C]// 中国气象学会人工影响天气委员会，中国气象科学研究院，中国气象局人工影响天气中心，等. 第十五届全国云降水与人工影响天气科学会议论文集Ⅱ. 北京：气象出版社，2008：1077-1080.

[26] 魏六峰. 气象信息存储管理和显示分析系统的研究和设计[D]. 重庆：重庆大学，2006.